Richesse Forestière

DE LA

PROVINCE DE QUEBEC

PAR

J. C. LANGELIER

Surintendant

des

Gardes-Forestiers.

RICHESSE FORESTIERE

DE LA

PROVINCE de QUEBEC

PAR

J. C. LANGELIER

Surintendant des Gardes-Forestiers

1908

AVERTISSEMENT

En parlant de la dernière réunion de l'Association Forestière du Canada, Mgr Laflamme écrivait dans *La Vérité* du 18 mars 1905:

" L'Association forestière canadienne s'est réunie à Québec la semaine dernière. Une fois par année, ses membres sont ainsi convoqués pour discuter ensemble les grands problèmes qui se rattachent, de près ou de loin, à la science forestière.

" Les journaux français de Québec ont signalé chacune des séances. Ils ont donné les titres des travaux qui ont été lus, se contentant d'ajouter que tous étaient remarquables, très bien faits, très importants, etc. ; tout l'arsenal des compliments ordinaires. A vrai dire, on aurait pu faire autrement et mieux. L'Association méritait plus que le cortège des banalités accoutumées. Un résumé bien fait de ses travaux eût été tout à fait à sa place dans les colonnes de nos grands journaux, au risque de raccourcir, pour une fois, le chapitre des chiens écrasés, des chevaux à l'épouvante et des meurtres à sensation.

" Le but que l'Association vise à atteindre, les efforts incessants que font ses membres pour y parvenir, les succès qu'ils remportent en ce sens, tout cela est de nature à faire réfléchir ceux qui savent regarder et qui veulent assurer l'avenir économique de notre pays. Ce serait de l'aveuglement ou du parti pris que de ne pas le reconnaître hautement. Malheureusement, elle a à lutter contre une lourde résistance d'inertie et d'indifférence, indifférence vraiment inexplicable, quand on sait qu'elle s'occupe exclusivement de nos forets, en en dehors de tout intérêt personnel et de toute influence politique.

" En effet, elle a entrepris d'arriver à établir une administration entendue de nos bois, de façon à en faire une source perpétuelle de richesse pour la communauté. Elle s'occupe du débit de nos rivières, en essayant de trouver les moyens à prendre pour les régulariser et assurer ainsi la valeur des pouvoirs hydrauliques. Elle étudie le reboisement possible des forêts dévastées ou détruites, sans négliger la partie esthétique de la science forestière, c'est-à-dire l'ornementation de nos parcs et places publiques. Il est donc difficile d'imaginer un but plus important et d'un intérêt plus général.

" Ces forestiers travaillent et travaillent ferme. Parcourez les quatre rapports qui contiennent les travaux lus et discutés à chacune des réunions, et vous serez frappé par l'importance des sujets traités, par la science pratique et la justesse des idées dont les auteurs font preuve.

" Pour ne citer que ce qui a trait à la dernière réunion, toutes les communications avaient bien chacune un cachet remarquable d'actualité. Cependant, celles du Rév. T. W. Fyles sur les insectes nuisibles aux forêts, de M. Low sur le Nord de Québec et le Labrador, de l'honorable W. C. Edwards sur les industries du bois à Québec, de M. J.-C. Langelier sur les ressources forestières de Québec étaient de nature à nous intéresser particulièrement.

" Le travail de M. Langelier mérite une mention spéciale. Il était difficile de traiter d'une façon plus complète la grande question des ressources forestières de la province. L'auteur, un des officiers du ministère des Terres, était à la sources des documents de première main. Il y a puisé largement, avec le résultat de démontrer au plus récalcitrant que nous sommes peut-être, de tous les peuples du monde, celui qui possède les forêts les plus riches et les plus développées.

" Ce travail, tout à fait remarquable, a été lu en anglais. Nous nous permettrons de suggérer à qui de droit d'en publier une traduction française et de le répandre largement par toute la province, afin d'en faire profiter tout le monde. "

La publication de cette brochure à pour but de répondre au désir si gracieusement exprimé par Mgr Laflamme, depuis une trentaine d'années professeur de botanique à l'université Laval. Avec la recommandation d'une autorité aussi indépendante et aussi incontestable, il n'y avait guères à hésiter ; la traduction a été faite et livrée à l'impression.

A ce travail lu devant l'Association Forestière, j'ai ajouté certains renseignements sur les facilités pour sortir le bois de la forêt et pour l'exporter, ainsi que sur nos principaux pouvoirs d'eau. Ces renseignements complètent les autres.

J. C. LANGELIER.

Etendue de nos Forêts.

Le recensement de 1901 constate que la superficie "en terre" de la province de Québec comprend 218,723,687 acres. A l'époque de ce recensement, il y avait 7,421,264 acres de terrains en culture, pâturage, jardinage, vergers, 1,560,960 acres en broussailles, rochers, marais ou autres terrains dépouillés de bois, ce qui laissait pour la forêt une aire de 209,741,463, acres, ou 327,721 milles en superficie.

Sous l'en-tête de "forêts," le recensement ne donne que 5,442,204 acres. Ce nombre ne représente que l'aire forestière comprise dans les 14,424,428 acres de terres "occupées," dans toute la province, et ne s'applique pas aux forêts situées en dehors des propriétés des particuliers, ou détenues en vertu de titres de concession.

Dans toutes ces forêts, ce sont les conifères qui dominent : l'épinette, le sapin, le pin, le cèdre et la pruche, pour les énumérer par ordre da'bondance, forment au moins les trois quarts de la végétation forestière. A part le bouleau et le tamarac, qui croissent jusque au delà de la frontière septentrionale de la province, les arbres à feuillage décidu, ou les "bois francs," ne se trouvent que dans la région située au nord du 48e degré de latitude. Il n'y a d'exception que dans la contrée du Saguenay et la partie méridional du territoire d'Albitibi, où l'on voit un peu de merisier et de frêne noir au delà de cette latitude.

Au point de vue des essences ligneuses qui y dominent, les forêts de la province de Québec se divisent en trois régions bien distinctes :

1. La région du nord ;
2. La région du centre ;
3. La région du sud.

Etudions séparément chacune de ces régions.

1. Région du Nord

Des trois, c'est de beaucoup la plus vaste. Elle embrasse toute la partie de la province située au nord du St-Laurent et du 48e degré de latitude, à partir de l'intersection de cette ligne par le fleuve, un peu à l'ouest du Saguenay. La forêt comprise dans ces limites a une superficie de 162,749,788 acres, équivalant à 77,58% de l'étendue totale des forês de la province.

Cette région embrasse les territoires d'Albitibi, de Mistassini, d'Ashuanipi, le comté de Chicoutimi-Saguenay ainsi que l'extrémité nord-ouest des comtés de champlain, St-Maurice, Maskinongé-Berthier, Joliette et Montcalm, mesurant environ 5,376,000 acres en superficie.

L'épinette noire (*Picea nigra*) est l'essence dominante et caractéristique de cette région. Elle forme à peu près les trois cinquièmes des conifères susceptibles d'exploitation commerciale. En moyenne et en tenant compte des " brûlés, " des " renversis " ainsi que des espaces dénudés par d'autres causes, cette essence peut aisément fournir à l'acre 2½ cordes de bois à pulpe, ou l'équivalant de 1,500 pieds mesurant de planche. (*) A ce taux—qui est plutôt au-dessus qu'au-dessus de la réalité—les forêts de la région du Nord contiendraient 406,874,470 cordes de bois de pulpe, ou 244 billions, 124 millions, 682 mille pieds de bois mesure de planche.

Ces quantités, comme de raison, ne comprennent que des arbres de sept pouces de diamètre à la souche, vu que les règlements du ministère des terres ne permettent pas d'abattre les arbres de moindre diamètre.

Il faut moins de trente arbres d'un diamètre moyen de six pouces et de seize pieds en longueur de tronc utilisable, pour former une corde de bois à pulpe de 128 pieds cubes. Presque partout les forêts d'épinette noire sont très denses ; dans les endroits propices les arbres sont longs, dru plantés, au point de s'entre-toucher presque, et l'on peut souvent en compter 500, 600, 700 et même plus dans un acre, ce qui représente de 10 à 20 cordes de bois à pulpe à l'acre.

Ajoutons, que dans cette région, sur les terrains un peu élevés et profonds, il y a dans l'épinette noire beaucoup d'arbres de dix et douze pouces de diamètre à la souche, ce qui augmente sensiblement le rendement de l'acre.

Quant au nombre des arbres, le sapin est presque aussi abondant que l'épinette noire, mais les troncs sont moins longs et le ren-

---

(*) Le pied " mesure de planche ", ou " pied superficiel " est un morceau de bois de douze pouces ou un pied de longueur, un pied de largeur et un pouce d'épaisseur.

dement en bois utilisable n'excède probablement pas le quart de celui de l'épinette noire, Cette proportion donnerait pour toute la Région du Nord 101,718,617 cordes, équivalant à 61 billions, 31 millions, 170 mille, 200 pieds mesure de planche.

L'épinette blanche peut fournir un contingent plus considérable en mille pieds superficiels et 75 billions de pieds ne sont certainement pas une estimation exagérée des billots de sciage qui peuvent se faire dans cette région, en ne prenant que les arbres d'onze pouces de diamètre à la souche. Il resterait encore dans les têtes des millions de cordes de bois à pulpe.

Dans la partie méridionale du territoire d'Abitibi, ou dans une aire d'environ 15,000,000 d'acres, cette épinette atteint des dimensions qui la rendent égale à la plus belle épinette des régions du centre et du sud. Au cours de ses explorations M. Henry Ò'Sullivan a vu des arbres mesurant jusqu'à cent pieds de longueur et vingt pouces de diamètre. Ce bois est sain, les arbres sont généralement sans branches jusqu'à une grande hauteur et des plus propres à faire des billots de sciage de première classe. Il y a dans cette partie du territoire d'Abitibi sufflsamment de bonne épinette blanche pour faire une trentaine de billions de pieds de sciage de qualité supérieure.

Le cyprès, ou pin de Bank, est une autre arbre passablement abondant dans la Région du Nord. On en fait surtout des dormants de chemins de fer. A seulement deux dormants par acre, en moyenne, il y a là de quoi faire plus de 320 millions de ces dormants, ou assez pour garnir plus de 150,000 milles de chemin de fer.

Les botanistes représentent le cyprès comme un arbre rachitique, court, branchu. Cette description ne s'applique certainement pas au cyprès de la région du lac St-Jean et du Saguenay, où cet arbre atteint une longueur considérable et un diamètre qui le rend propre à faire de beaux billots de sciage. Dans un chantier de la rivière au Rat, en 1898, on a abattu un cyprès qui a donné en longueur quatre-vingt-onze pieds de bois utilisable, (1) cinq billots de sciage et deux dormants. Il mesurait quinze pouces de diamètre à la souche et plus de sept à quatre-vingt-onze pieds plus haut, Dans les ''brûlés'' et les ''renversis'' des cantons Albanel et Pelletier, dans

---

(1) Voir Rapport du commissaire des Terres pour 1898, p. 92.

ceux du canton Dolbeau, l'on peut compter par milliers des cyprès mesurant de quarante à cinquante pieds de longueur et de sept à huit pouces de diamètre au petit bout. Le quai de Tikouapé, à St-Méthode, est fait presque tout avec des pièces de cyprès de quinze à vingt pieds de longueur et de huit à douze pouces carrés. Aux moulins des Escoumains, on a scié durant plusieurs années des billots de cyprès qui donnaient de bonnes planches qu'on exportait aux Etats-Unis. On en scie encore dans les moulins du lac St-Jean. Les dormants de cyprès sont de plus en plus recherchés et appréciés, au point qu'on peut maintenant les transporter en chemin de fer de Roberval à Québec, distance de 190 milles, et les vendre à des prix qui laissent une bonne marge au profit. Quand le cèdre viendra à manquer pour fournir les immenses quantités de dormants que demandent chaque année les chemins de fer, l'un de ses principaux succédanés sera incontestablement ce cyprès, que la Région du Nord pourra fournir durant longtemps.

Les belles épinières de la vallée du lac St-Jean ont été épuisées par les scieries de Chicoutimi, mais en d'autres parties de la Région du Nord, il reste encore joliment de ce bois. Le recensement établit qu'en 1901 il a été fait dans le comté de Chicoutimi-Saguenay 54,182 pieds cubes de pin et 1,217,000 pieds superficiels de billots de sciage.

Mais c'est dans le nouveau territoire d'Abitibi, depuis la ligne de faîte jusqu'à une cinquantaine de milles au nord, que le pin se trouve en plus grande abondance. Cette aire embrasse environ 6,500,000 acres de terrain, ce qui, à la minime moyenne de 50 pieds à l'âcre, donnerait 325,000,000 de pieds superficiels. Le pin est dispersé sur tous les côteaux et ne peut s'exploiter d,une manière profitable que simultanément avec l'épinette : mais il n'en existe pas moins et il pourrait même alimenter des opérations importantes dans les terrains élevés et secs qui environnent plusieurs des lacs.

Le cèdre est un autre bois qui se trouve en plus ou moins grande quantité dans la partie méridionale de la Région du Nord. Comme le pin, c'est dans le territoire d'Abitibi qu'il est le plus abondant. Le plus beau se voit autour des lacs et le long des rivières. Seulement dans la partie sud-ouest de l'Abitibi, il y a suffisamment de ce bois pour faire une vingtaine de millions de dormants, une couple de millions de pieds cubes de bois carré de huit à douze pouces de face, sans compter de grandes quantités de pilotis, de poteaux de télégraphe, de piquets et de perche de clôture.

Des bois à feuillage décidu, le bouleau est de beaucoup le plus abondant dans toute cette Région du Nord. Il y en a partout et en beaucoup d'endroits il occupe exclusivement tout le terrain. Jusqu'à présent le bouleau n'a servi qu'à faire du bois de chauffage et du bois à fuseaux ; mais le temps n'est peut-être pas éloigné où l'on finira par apprécier sa valeur comme bois d'ébénisterie et même pour la tonnellerie. Dans la forêt vierge, ou dans les endroits où il a poussé parmi les essences primitives, on voit beaucoup de ces arbres mesurant jusqu'à vingt et même trente pouces de diamètre, (1) d'une longueur suffisante pour donner chacun trois billots de treize pieds. Au nord du lac St-Jean, notamment dans la partie inférieure de la vallée de la rivière Alex et des rivières Péribonka, il y a d'immenses quantités de ce gros bouleau, qui pousse dans les flancs de montagnes et les bons terrains élevés. Il y en a pareillement à plusieurs endroits le long de la rive nord du Saguenay. Mais, en aval de cette rivière, ce sont les forêts du cap St-Nicholas qui offrent le plus d'avantage à l'exploitation du bouleau comme bois de sciage et d'ébénisterie. Le havre de St-Nicholas offre toute l'accommodation désirable à la navigation et les forêts de gros bouleaux qui l'environnent pourraient fournir des beaux billots en quantité presque illimitée. Il y a d'aussi beau bouleau à l'extrémité ouest de la région qui nous occupe. Le long de la Mekiskan (2), dans le territoire d'abitibi, il y a suffisamment de ce gros bouleau pour faire des millions de billots de sciage. Quand cette contrée sera rendue accessible par la construction des chemins de fer, ce bois fera tout probablement l'objet d'une exploitation considérable.

Le peuplier et le tremble sont aussi des essences très répandues dans la Région du Nord. Il y a des forêts remarquables de gros trembles entre la rivière aux Rats et la Mistassibi, dans la contrée du lac St-Jean. Ces arbres atteignent jusqu'à deux pieds de diamètre, mais la moyenne est de quinze à dix-huit pouces. Ce bois est

____

(1) Voir Rapport du Commissaire des Terres pour 1898, p. 104.

(2) C'est le nom sous lequel on désigne la partie du fleuve Nottaway, comprise entre la " hauteur des terres " et le lac Mattagami. Le Dr Bell l'appelle aussi rivière " Bell."

sain, remarquablement exempt de veines noires, et ferait des sciages de premier choix. Cependant le plus beau bois de cette espèce se trouve dans le territoire d'Abitibi, où il atteint jusqu'à trente pouces de diamètre et de cinquante à soixante pieds sans branches. Il y a dans ces forêts assez de ces beaux arbres pour faire une dizaine de billions de pieds de planches qui pourraient être utilisées pour la meublerie et pour les caisses d'emballage. Ce peuplier pourrait aussi être utilisé pour la fabrication de la pulpe à la soude. Il n'y a pas d'endroit où cette industrie pourrait se procurer sa matière première aussi facilement et à aussi bon marché, si ces forêts étaient rendues accessibles par la construction d'un chemin de fer descendant du sud au nord dans la vallée de la Mékiskan jusqu'au lac Mattagami. En ne prenant qu'une lisère de cinq milles de chaque côté du chemin de fer, on pourrait aisément trouver de 25 à 30 millions de cordes de ce beau peuplier.

Le tamarac, ou épinette rouge, est encore plus abondant que le peuplier. Les plus vieux arbres ont été dessèches par le fameux insecte (Saw-fly, *Nematus Ericksonii*) qui a répandu ses ravages dans toute cette Région du Nord ; mais ceux de ces troncs desséchés, qui ne sont pas encore atteints de pourriture, pourraient être utilisés pour plusieurs fins, notamment pour faire des dormants de chemin de fer. Seulement dans le territoire de l'Abitibi, il y a suffisamment de ce bois pour faire des millions de dormants. Dans tous les cas, les jeunes arbres, qui ont été presque tous épargnés par le sinistre insecte, continuent leur croissance et fourniront avant peu d'années leur contingent de bois vert à l'industrie forestière.

Les chiffres suivants représentent une estimation très modérée des produits que les forêts de la Région du Nord peuvent fournir au commerce de bois :

Billots de sciage

Pin blanc et rouge	325,000,000	pieds superficiels	
Cyprès	10,000,000,000	"	"
Epinette	35,000,000,000	"	"
Peuplier	10,000,000,000	"	"
Bouleau	10,000,000,000	"	"

65,325,000,000

Bois à pulpe.

Epinette noire......................406,874,470 cordes
Epinette blanche.................... 15,000,000   "
Sapin..............................101,118,607   "
Peuplier 100,000,000   "
                                   ——————————
                                 . 622,993,077

Dormants.

Cyprès.................. ......320,000,000 morceaux
Cèdre........................ 50,000,000   "
                             ——————————   "
                              370,000,000

Dans le territoire d'Albitibi, le sapin fournira, en sus de ces quantités, plusieurs millions de pieds de planche pour les usages domestiques, à mesure que ce territoire se peuplera.

Les explorateurs ont constaté l'existence du merisier jusqu'à une cinquantaine de milles au nord de Betsiamites, à une égale distance au nord du lac St-Jean, où ils ont vu des arbres mesurant vingt-quatre pouces de diamètre et il y en a pareillement dans la partie sud du territoire d'Albitibi, ainsi que du frêne et de l'orme ; mais ces différentes essences ne sont pas en quantités suffisante pour en faire un article de commerce ; elles serviront aux usages domestiques, quand ces contrées seront colonisées.

Région du Centre

Pour ce qui regarde la variété et la qualité du bois, c'est incontestablement la plus riche. Les forêts de cette région ont une superficie de 31,649,682 acres, ou 302,745 acres de plus que tout le territoire de la Nouvelle-Ecosse et du Nouveau-Brunswick, qui n'ont collectivement qu'une superficie de 31,346,937 acres. Elle est limitée au sud par le fleuve St-Laurent et au nord par le 48e de latitude.

Toutes les sortes de bois de commerce qui croisent dans la province de Québec se trouvent dans cette région. Les conifères comprennent le pin blanc, le pin rouge, le cyprès, l'épinette blanche, l'épinette noire, le sapin, la pruche et le cèdre. Dans les arbres à feuillage décidu, nous avons le merisier, l'érable, le chène, le noyer, l'orme, le jrêne, le hêtre, le bois blanc, le pleuplier et le bouleau.

Le pin blanc figure au premier rang dans les forêts de cette région, notamment dans la partie ouest. Entre le Saguenay et le St-Maurice, ce bois est dispersé parmi les autres arbres de la forêt, dont il ne forme qu'une partie infirme. Dans ces 5,004,180 acres de forêt, il y a probablement 25 à 30 millions de pieds de pin. Les forêts de la région du St-Maurice sont plus abondantes et contiennent au moins 150,000,000 de pieds. Il y en a pour le moins autant dans celles des rivières Rouge, du Lièvre et de la Petite-Nation. Les plus belles pinières, et de beaucoup plus abondantes, se trouvent dans les comtés de Wright et de Pontiac. Ces forêts ont une superficie de 14,596,690 acres. En moyenne elles peuvent donner 2,000 pieds de pin à l'acre, ce qui porterait le total à trente billions de pieds. Dans ces belles pinières, ils ne sont pas rares les endroits où l'on peut faire jusqu'à 10,000 pieds de pin à l'acre.

Le pin rouge est un des arbres caractéristiques de la Région du Centre. Il pousse dans les plaines sable et de gravier, qui sont nombreuses dans beaucoup de parties de cette région ; il forme de denses bosquets sur les flancs des côteaux où le sable et le gravier se sont accumulés, de même que sur les pointes graveleuses faisant saillie dans les lacs. Il y a suffisamment de ce bois pour faire sept ou huit billions de pieds superficiels.

Le cyprès se voit dans beaucoup d'endroits, dans les terrains graveleux et rocheux, surtout dans les plaines sablonneuses qui ont été jadis dévastées par le feu. Il est loin d'être aussi beau que le cyprès de la Région du Nord, surtout celui de la vallée du lac St-Jean, mais presque partout il pourrait faire des dormants de chemins de fer. Il devient plus beau et plus gros à mesure qu'on avance au nord. Ce bois pourrait donner aisément 150,000,000 de dormants dans la Région du Centre.

Dans la partie orientale de cette région, l'épinette blanche est, quant au nombre, l'essence qui domine, notamment dans la contrée du St-Maurice. Elle est comparativement moins abondante dans le territoire de l'Ottawa, mais elle est généralement plus belle, plus longue et plus grosse. Seulement de la première coupe, il y a dans cette Région du Centre assez d'épinette blanche pour faire soixante billions de pieds mesure de planche, en ne prenant pas de billots ayant moins de huit pouces de diamètre au petit bout. En sus, il pourrait être fait dans les têtes plus de quinze millions de cordes de bois à pulpe.

Il y a autant, sinon plus, d'épinette noire capable de faire du bois à pulpe et l'on peut sans crainte estimer à ving millions de cordes la quantité qui pourrait se faire dans la région en question. Les gros arbres de cette espèce, qui croissent en assez grand nombre dans les endroits plus propices, peuvent faire des mâts, de la charpente et des dormants de chemins de fer.

Le sapin blanc (*Abies balsamea*) est très commun, surtout dans les terrains humides de cette région. En tenant compte du fait que ce bois est presque toujours affecté par la pourriture, on peut estimer son rendement à 500 millions de pieds pour les billots de sciage, et 2,500,000 cordes pour le bois à pulpe.

La pruche (*Tsuga canadensis*) ne se voit guère au delà du 47e degré de latitude. C'est à peine si au nord de cette ligne on en trouve quelques bosquets dans les environs du cap Tourmente. A l'ouest, cette essence monte au nord jusqu'à la rivière Keepawa. Entre ces deux points extrêmes, la ligne de démarcation fléchit un peu et décrit un demi-cercle passsant au sud de la rivière Mattawin, dans la région du St-Maurice. Ce bois, qui ne pousse nulle part en bosquets, comme les anciennes '' pruchières '' de la Région du Sud, est généralement gros et long. Il pourrait fournir à l'industrie des siages une couple de centaines de millions de pieds, ou l'équivalant en bois de charpente. Il pourrait aussi fournir à la tannerie des centaines de mille cordes d'écorce. Malheureusement, la pruche ne flotte que peu, en sorte qu'elle ne peut être utilisée par le commerce que dans les endroits où la flottaison n'est pas longue et dans ceux où le transport peut se faire par chemin de fer.

Le cèdre (*Thuya occidentalis*) croît dans toutes les parties de la Région du Centre. On le trouve disséminé un peu partout dans la forêt ; mais sur le bord des lacs et des rivières, il forme souvent des fourrées presque impénétrables. Il occupe aussi les dépressions et les platières marécageuses qui se voient presque partout entre les collines rocheuses et il y a de vastes savanes qui sont exclusivement recouvertes par cette essence. Il y a beaucoup de ces arbres qui sont petits et rabougris dans les fourrées trop denses, mais il y en a, en quantités innombrables, qui sont susceptibles de faire des dormants de chemins de fer, des poteaux pour les lignes électriques et même des pièces équarries pour les viaducs de chemins de fer. Les plus gros arbres sont presque invariablement creux à la souche, mais ces troncs creux sont avantageusement employés dans la fabrication du bardeau. Les têtes ainsi que les plus petits arbres fournissent des piquets et des perches de clôture. En prenant le bas chiffre de deux dormants à l'acre, en moyenne, il y a dans la Région du Centre suffisamment de cèdre pour faire soixante millions de dormants. Les poteaux pour fils électriques atteindraient au moins le chiffre de dix millions et les billes creuses donneraient du bardeau par centaines de millions. Ajoutez une couple de millions de pieds cubes de bois carré pour la charpente ou les viaducs, des myrades de piquets et perche de clôtures et vous aurez une idée de ce que le cèdre de la Région du Centre peut fournir à l'industrie forestière.

Les bois francs sont dispersés presque partout dans cette région mais en quantité bien moindre que le conifères. Ils forment à peu près le quart de la végétation forestière susceptible d'exploitation commerciale, dans la forêt située en dehors des terrains occupés pour les fins de colonisation.

Le merisier est l'espèce la plus abondante dans les bois francs. Et dans cette espèce c'est le merisier blanc (*Betula excelsa*) qui l'emporte en nombre. Le plus beau, généralement parlant, se trouve dans les territoires du St-Maurice et de l'Ottawa. Le merisier rouge (*Betula lenta*) est moins abondant ou moins répandu, que celui de l'autre espèce, mais il est généralement plus gros. Dans le territoire de l'Ottawa, il atteient jusqu'à trente pouces de diamêtre. En calculant sur la faible moyenne de cent pieds à l'acre et en ne prenant que les arbres de douze pouces de diamètre, il y a plus de 300,000,-000 de pieds de merisier dans la Région du Centre.

Le bouleau (*Betula papyrifera*) de dimensions suffisantes pour faire du bois à fuseaux ou des sciages, peut aussi donner 150,000,000 de pieds, ou 250,000 cordes. Cette quantité ne comprend que le bois de la forêt primitive. Les taillis qui occupent une si grande partie des terrains dévastés par le feu pourront avant longtemps donner une quantité beaucoup plus considérable, sans compter un approvisionnement pour ainsi dire illimité de bois de chauffage.

Dans la famille des érables, l'espèce la plus abondante est l'érable à sucre (*Acer saccharinum*). C'est aussi celle qui atteint généralement les plus grandes dimensions. Pratiquement parlant l'érable blanc (*Acer dasycarpum*) ne se trouve pas dans cette région. L'érable bâtarde, ou plaine (*Acer rubrum*) se voit presque partout dans les terrains bas. J'estime que la famille des érables pourrait fournir au commerce autant de bois que celle des merisiers, sans compter d'innombrables quantités de combustible pour les usages domestiques et la distillation pour la préparation des produits pyroligneux.

Le bois blanc (*Tilia americana*) ne se trouve à proprement dire, qu'à l'ouest de la rivière Rouge. Il croit généralement dans le même terrain que le merisier rouge et le gros érable, c'est-à-dire dans un sol riche. Beaucoup de ces arbres mesurent deux pieds de diamètre. Souvent ils poussent en touffes et dans ce cas le diamètre est moindre. Quant à la longueur, elle est pour ainsi dire uniforme chez les arbres adultes et toujours considérable, excédant généralement cinquante pieds avant d'arriver aux branches. Cette essence pourrait fournir plus de 100,000,000 de pieds de bois de commerce.

La famille des peupliers est représentée par trois variétés : le peuplier baumier (*Populus balsamifera*), le tremble (*Populus tremuloïdes*) et le liard, (*Populus grandidentata*). Dans la forêt primitive et les très anciens " brûlés," ces arbres atteignent des dimensions imposantes et peuvent donner de beaux billots de sciage. Le liard qui ne croit que dans le sol riche et frais des platières, est toujours gros. Si ces bois étaient flottables, la Région du Centre pourrait en fournir des millions de pieds à l'industrie des sciages et une cinquantaine de millions de cordes à celle des pâtes de bois ou de la pulpe à la soude.

Le tamarac (*Larix americana*) croit dans tous les terrains humides, accompagnant généralement le cèdre, l'épinette noire et le frêne noir. Ce bois, qui atteignait en beaucoup d'endroits de très grandes dimensions, a été détruit par l'insecte bien connu " *Nematus Ericksonii*" et n'a plus de valeur commerciale. Mais il peut fournir en abondance du combustible de bonne qualité.

Le frêne blanc (*Fraxinus americana*) et le frêne noir (*Fraxinus sambucifolia*) augmente en abondance et en dimensions à mesure qu'on avance vers l'ouest. Dans les riches platières de la rivière du Lièvre et de ses tributaires, l'on voit en quantité des frênes blancs de quinze à dix-huit pouces de diamètre à la souche et de quarante à cinquante et même soixante pieds de tronc net, avant d'atteindre les branches. Ce bois croit dans toutes les parties du territoire de l'Ottawa, même au delà de la latitude du lac des Quinze. Partout aussi on trouve le frêne noir, qui est plus petit de diamètre que l'autre espèce, mais aussi long et plus abondant. Cette dernière espèce croit dans les savannes et les terrains mouillés. Dans la Région du Centre il y a pour le moins 125 millions de pieds de ces deux espèces de frêne.

L'orme blanc (*Ulmus americana*) accompagne presque partout le frêne et se trouve même en beaucoup d'endroits où il n'y a pas de frêne. Ces ormes sont presque invariablement de beaux et grands arbres qui dominent la forêt environnante. Dans les riches platières des rivières, cette espèce pousse avec une telle abondance qu'elle forme sur la même souche deux ou trois beaux troncs. Il y a plus de 200,000,000 de pieds de cette orme dans la Région du Centre et si les parties supérieures des rivières du Lièvre, Gatineau et Ottawa sont jamais rendues accessibles par chemin de fer, la meublerie commune et la tonnellerie pour les barils à farine, auront là de quo s'alimenter pendant longtemps.

Dans les chênes l'espèce rouge (*Quercus rubra*) est la plus abondante, comme rendement. Il y en a des bosquets considérables dans l'intérieur des grandes forêts de l'Ottawa. Le chêne bleu ou chêne des marais (*Quercus prinus, Quercus microcarpa*) est une autre espèce comparativement abondante, même plus abondante que le chêne roux, dans la vallée de la rivière du Lièvre. Il y a ce ces bois dans tout le territoire de l'Ottawa, en quantité appréciable, et l'industrie forestière pourrait probablement y trouver une dizaine de millions de pieds de chêne.

Le noyer tendre (*Juglans cinerea*) est un arbre qui se rencontre presque partout dans les forêts situées à l'ouest du St-Maurice et jusqu'à la latitude de la cité de l'Ottawa. Il peut fournir quelques millions de pieds de bon bois à l'industrie de la meublerie.

Le hêtre (*Fagus ferruginea*) est assez commun dans les forêts de la Région du Centre, de Québec en allant vers l'ouest jusqu'à l'Ottawa. On en voit de très beaux dans le comté d'Argenteuil ainsi que dans la partie méridionale de Labelle et Wright. Cette essence pourrait fournir 15,000,000 de pieds de beau bois pour l'ébénisterie ainsi que pour les boiseries fines de maisons et autant de dormants de chemin de fer pour l'exportation en France, où ces dormants sont en grande demande.

En récapitulant les détails donnés pour les différentes espèces de bois qui se trouvent dans la Région du Centre, on forme les totaux suivants :

Billots de sciage

Bois mous :

Pin blanc	30,325,000,000	pds. sup.
Pin rouge	7,500,000,000	"
Epinette blanche	60,000,000,000	"
Pruche	200,000,000	"
	98,025,000,000	

Bois durs :

Merisier	300,000,000	"
Erable	300,000,000	"
Chêne	10,000,000	"
Orme	200,000,000	"
Frêne	125,000,000	"
Hêtre	15,000,000	"
Noyer tendre	5,000,000	"
Bois blanc	100,000,000	"
Bouleau	150,000,000	"
Peuplier	250,000,000	"
	1,445,000,000	

Bois à pulpe

Epinette blanche (têtes)	15,000,000	cordes.
Epinette noire	20,000,000	"
Sapin	2,500,000	"
Peuplier	50,0000,000	"
	87,500,000	"

Dormants

Cyprès	150,000,000	morceaux
Cèdre	60,000,000	"
Hêtre	15,000,000	"
	225,000,000	"

Poteaux pour fils télégraphiques

Cèdre	10,000,000	"

Bardeau

Buche de souches creuses	3,000,000,000	bardeaux

Bois pour viaduc

Cèdre	5,000,000	pds cubes

Ajoutez à tout cela des myriades de piquets et de perches de clôtures, des quantités inépuisables de bois de chauffage et vous aurez une idée de la richesse ainsi que de la variété des forêts de cette Région du Centre.

3.—Région du Sud

C'est la moins considérable, puisqu'elle n'embrasse qu'une superficie de 15,381,890 acres, ou seulement 7.34 pour 100 de notre territoire forestier. Et de ces 15,381,890 acres, plus d'un quart se trouve enclavé dans les terrains concédés pour les fins de colonisation. A proprement dire, la vraie forêt ne commence qu'à l'est de la rivière Chaudière et de cette rivière jusqu'au lac Témiscouata, elle sera épuisée avant peu d'années, pour ce qui regarde la production des billots de sciage.

Le cèdre est l'essence ligneuse la plus précieuse de cette région. C'est le plus beau cèdre qu'il y ait dans la province et même dans le Canada, à part celui de la Colombie Anglaise. Il atteint des dimensions quasi colossales dans les terrains siluriens et devoniens de la Gaspésie, où l'on a mesuré des arbres de cinq pieds de diamètre et de plus de cinquante pieds de longueur sans branches.   Dans ces sols riches, le cèdre pousse en abondance remarquable et dont il est difficile de se former une idée, sans l'avoir vue.   Devant la commission de colonisation le garde-forestier Aquilas Lajoie a juré que ''dans une étendue d'environ deux acres, dans le canton Hamilton, M. Robert Sinclair a coupé 2,000 billots de cèdre et quelques billots d'épinette, d'un toisage moyen de cent pieds. Plusieurs de billots quatorze à quinze pieds de longueur et parfaitement sains, mesuraient de 45 à 48 pouces de diamètre à la souche et de 30 à 33 pouces de diamètre au petit bout.   M. Sinclair a aussi coupé, au même endroit, 340 morceaux de cèdre équarri, de 10 x 10 et 12 x 12 pouces et de 10 à 15 pieds de longueur, et 600 dormants de chemins de fer. '' Il est facile de vérifier ces faits en examinant les souches, que l'on peut encore voir dans le voisinage du fronteau du lot 10 du 13e rang du canton Hamilton.   Sur le lot 5 du 11e rang du même canton, on a trouvé 20,000 billots de cèdre et d'épinette, 12,000 billots de merisier et de gros bouleau,—ces billots mesurant en moyenne 100 pieds chacun,—et 6,000 dormants de cèdre.   Sur le lot voisin, numéro 4, on a trouvé 20,000 billots de cèdre.   Sur les lots 17, 18, 19, 20, 21 du 8e rang du canton Humqui, environ 120 milles à l'ouest du canton Hamilton, M. Jos Théberge a juré qu'il y avait assez de cèdre et d'épinette pour faire 55,000 billots de 50 pieds chacun, ou 2,750,000 pieds de bois sur 500 acres de terrain, ce qui fait une moyenne de 5,500 pieds à l'acre, sans compter les dormants et le bois à pulpe. Dans la région du lac Témiscouata, les officiers du ministère des terres ont mesuré des billots d'épinette blanche qui avaient jusqu'à trente-sept pouces de diamètre au petit bout. L'épinette de la Beauce et de Compton est aussi très belle.

Dans la Région du Sud, l'industrie forestière peut sans crainte compter sur les quantités suivantes :

Billots de sciage

Bois mous :

Epinette blanche............... 12,000,000,000 pds. sup.
Pin blanc...................... 75,000,000

————————————

12,075,000,000

Bois durs :

Merisier......................	100,000,000
Érable	50,000,000
Orme........................	20,000,000
Frêne.......................	5,000,000
Hêtre.............	10,000,000
Bouleau.....................	25,000,000
Peuplier................:...	15,000,000

Bois à pulpe

Epinette, blanche et noire........	20,000,000	cordes
Sapin...........................	10,000,000	"
Peuplier....:...................	5,000,000	"

Dormants

Cèdre, nombre...................	150,000,000
Hêtre "	5,000,000

Poteaux pour fils électriques

Cèdre.......................	7,500,000

Bardeau

Cèdre en billots................	500,000,000

Bois carré

Cèdre, pour charpente et viaducs de
chemins de fer.............. 25,000,000 pds. cubes.

Le merisier rouge de la Gaspésie, qui est malheureusement peu
connu, est peut-être le plus beau bois que nous ayons dans la province pour l'ébénisterie ou la confection des meubles fins. Il a
presque la couleur de l'accajou et prend un aussi beau poli. Il y a
aussi dans la Gaspésie beaucoup d'érable piqué, qui devait être pareillement recherché par les ébénistes. Il en est de même du gros
bouleau, qui donne un bois imitant le cérisier. Le hêtre des environs du lac Témiscouata est un autre bois qui ferait des meubles
superbes.

RÉCAPITULATION

Résumons maintenant les données fournies par les trois régions, pour rétablir aussi exactement que possible la richesse forestière de toute la province. Nous avons les quantités suffisantes :

Billots de sciage

Bois mous :

Pin blanc.................................	30,725,000.000	pieds
Pin rouge.....................	7,500,000,000	"
Epinette...........................	107,000,000,000	"
Cyprès........................	10,000,000,000	"
Pruche........................	200,000,000	"
	155,425,000,000	

Billots de sciage

Bois durs :

Merisier........................	400,000,000	pieds
Erable..........................	350,000,000	"
Chêne..........................	10,000,000	"
Orme...........................	220,000,000	"
Frêne..........................	130,000,000	"
Bois blanc.....................	100,000,000	"
Bouleau.........................	10,175,000,000	"
Peuplier.......................	10,265,000,000	"
	21,650,000,000	"

Bois à pulpe

Epinette noire..................	426,874,470	cordes.
Epinette blanche..............	50,000,000	"
Sapin........................	113,618,607	"
Peuplier......................	155,000,000	"
	745,493,077	"

Dormants

Cyprès, nombre	450,000,000
Cèdre.........................	260,000,000
Hêtre.........................	20,000,000
	730,000t000

Poteaux pour fils électriques

Cèdre, nombre...................... 17,500,000

Billes à bardeau

Cèdre, pieds superficiels..............700,000,000

Bois carré

Cèdre charpente, etc., pieds cubes...... 30,000,000

Dans l'ensemble, ces quantités sont plutôt au-dessous qu'au-dessus de la réalité et comme, de raison, elles ne comprennent que les arbres mesurant le diamètre prescrit par les règlements du ministère des terres.

Valeurs de ces Forêts

Au point de vue du revenu provincial, il est facile de calculer cette valeur : il suffit de multiplier les différentes quantités par le chiffre du tarif qui s'y applique, Voici ce calcul :

Pin blanc......	30,725,000	M	à $1.30....	$39,942,500.00
Pin rouge......	7,500,000	"	à 0.80....	6,000,000.00
Epinette.......107,000,000		"	à 0.65....	69,550,000.00
Cyprès........	10,000,000	"	à 0.65....	6,500,000.00
Sapin........	500,000	"	à 0.65....	325,000.00
Pruche........	200,000	"	à 0.65....	130,000.00
Bois francs....	1,110,000	"	à 1.30....	1,443,000.00
Bouleau......	10,175,000	"	à 0.65....	6,598,750.00
Peuplier......	10,265,000	"	à 0.65....	6,672,250.00
Bois à pulpe...	745,493,077	cord.	à 0.40.....298,197,231.00	
Dormants......	730,000,000	pièce	à 0.02....	14,600,000.00
Poteaux......	17,500,000	"	à 0.05.....	875,000.00
Billes à bardeau	700,000	M	à 0.65.....	455,000.00
Cèdre carré....	30,000,000	p. cub	à 0.02......	600,000.00

$451,563,730.00

Déduisez un quinzième pour les forêts comprises dans les seigneuries ou appartenant à des particuliers, dont le bois n'est pas sujet aux taxes de coupe payables au gouvernement, et il reste $421,-

459,482, ce qui représente pour cent ans un revenu annuel de $4,214,594.

Nous avons vu que la forêt, dans la province de Québec, couvre une aire de 327,721 milles en superficie. De cette étendue, environ 84,000 milles sont détenus à titre de propriété par des particuliers ou affermés pour la coupe du bois, ce qui laisse plus de 243,000 milles en disponibilité et à mettre sous licence. Au chiffre comparativement bas de $75 le mille en superficie, les primes d'adjudication sur l'affermage de ces forêts rapporteraient au trésor provincial $18,225,-000 somme qui répartie sur une période de cent ans, représente un autre revenu annuel de $182,250.

Valeur pour les cultivateurs et les bucherons

Voyons maintenant ce que vaut pour nos cultivateurs et nos bucherons l'exploitation de ces forêts, c'est-à-dire une bonne partie de nos cultivateurs et les bucherons de métier. Pour base de calcul prenons la moyenne des prix courants actuellement payés par les marchands de bois pour faire préparer le bois dans la forêt et l'amener sur le bord des rivières, prêt pour la flottaison, ou aux stations de chemins de fer, laissant de côté les gages représentés par le coût de la flottaison. Avec ces données ou forme le tableau suivant :

Pin blanc	30,725,000	M	à $6.00	...$	184,350,000.00
Pin rouge	7,500,000	"	à 5.00	...	37,500,000.00
Epinette	107,000,000	"	à 5.00	...	428,000,000.00
Cyprês	10,000,000	"	à 3.00	...	30,000,000.00
Pruche	200,000	"	à 4.00	...	800,000.00
Bois francs	1,110,000	"	à 5.00	...	5,550,000.00
Bouleau	10,175,000	"	à 4.00	...	40,700,000.00
Peuplier	10,265,000	"	à 3.00	...	30,795,000.00
Bois à pulpe	745,493,077	cordes	à 2.50	...	1,863,732,692.00
Dormants	730.500,000	pièces	à 0.10	...	73,000,000.00
Poteaux	17,500,000	"	à 0.50	...	8,750,000.00
Billes à bardeau	700,000	M	à 4.50	...	8,150,000.00
Cèdre carré	30,000,000	p. cu.	à 0.10	...	3,000,000.00

$2,709,327,692.00

Divisez ce total par 100 et vous trouverez une moyenne de $27,-093,276 pour les gages que peuvent faire annuellement, durant un siècle, les cultivateurs et les hommes de chantier dans la préparation du bois et forêt. En sus de cela, vous avez les gages des hommes employés pour la flottaison, des ouvriers employés dans les moulins à scies, le fret à gagner par les chemins de fer et les lignes de navigation, qui forment un total d'environ $15,000,000 par année.

On objectera peut-être qu'une bonne partie de cette richesse forestière est inutilisable, et par conséquent sans valeur, parce que le bois ne peut pas être sorti de la forêt par la flottaison.

Cette objection ne peut s'appliquer qu'aux forêts comprises dans les territoires de Mistassini et d'Abitibi, puisque le reste de notre domaine forestier est silonné dans toutes les directions par d'innombrables rivières sur lesquelles la flottaison du bois peut se faire aisément jusqu'aux scieries, jusqu'au littoral de la mer, jusqu'aux ports de mer et aux stations de chemins de fer, d'où le bois et transporté aux différents marchés et aux grands centres d'affaires. Sous ce rapport, il est peu de pays qui aient autant d'accommodations, de facilités et d'avantages que la province de Québec pour sortir ses bois de la forêt, particulièrement les bois mous. L'exploitation de ces forêts dans une plus ou moins grande mesure n'est qu'une affaire de demande pour leurs produits et cette demande devra nécessairement augmenter avec le temgs, avec l'accroissement de la population et l'épuisement des forêts des autres pays.

Maintenant, quant à l'exploitation des forêts d'Abitibi et de Mistassini, les territoires du Nord-Ouest n'offrent-ils pas une brillante perspective ? Avant peu d'années, il y aura dans ces territoires une population de cinq à dix millions de cultivateurs qui auront besoin de grandes quantités de bois de charpente et de sciages pour leur bâtisses ; les milliers de milles de nouveaux chemins de fer qui vont se construire pour transporter les millions de minots de blé qui seront récoltés dans ces vastes territoires auront besoin de millions de dormants et de considérables quantités de bois de construction. Les forêts de l'Abitibi et de Mistassini ne sont-elles pas dans les conditions les plus favorables pour fournir ce bois ? Il sera si facile, par la flottaison, de le descendre sur le Nottaway et le Rupert, jusqu'à l'embouchure de ces deux fleuves et de le transporter de là par la navigation sur la baie d'Hudson au port de Churchill, qui n'est éloigné que de 900 milles de celui de la baie de Rupert ! Du port Churchill un tronçon de chemin de fer d'environ 350 milles de longueur, à travers un pays uni, où l'établissement d'une voie ferrée serait très facile, transporterait ce bois au cœur même des meilleures terres à culture et à blé de ces territoires. Le Manitoba fait des efforts pour assurer la construction d'un chemin de fer qui se raccorderait à York Factory avec la navigation sur la baie d'Hudson. L'un des propriétaires du " Canadian Northern " déclarait ces jours derniers, que ce chemin de fer sera continué jusqu'au port de Churchill par un embranchement de trois cents milles de longueur. Si ces projets se réalisent, il est clair que ces chemins de fer procureront un marché avantageux aux produits des forêts du Mistassini et de l'Abitibi.

Quant à l'Abitibi, cinq compagnies sont déjà incorporées pour construire des chemins de fer qui traverseront ces territoires pour atteindre la baie James ; trois de ces chemins de fer traverseront le territoire en question, du sud au nord et deux de l'est à l'ouest. Il est tout probable que le Grand-Tronc-Pacifique traversera aussi l'Abitibi, ce qui devrait donner une grande valeur aux forêts de ce territoire. Un tronçon de chemin de fer d'environ soixante-quinze milles de longueur, à partir du lac Victoria et en allant vers le nord. pourrait amener le bois de cette partie de l'Abitibi à la rivière Ottawa, sur laquelle il pourrait être descendu par la flottaison aux scieries et aux stations de chemin de fer qui se trouvent plus bas sur cette rivière, et de ces différents points le bois pourrait être expédié aux différents marchés, de la même manière que l'est actuellement le bois provenant des forêts de l'Ottawa.

Mais pour rester dans les limites de la réalité actuelle, ne prenons que ce qui est présentement utilisable, c'est-à-dire les forêts des régions du Sud et du Centre et dans celle du Nord une aire de seulemeet 30,626,876 acres comprenant la partie supérieure des comtés de Champlain, St-Maurice, Maskinongé, Berthier, Joliette, Montcalm, et 25,250,876 acres des forêts les plus facilement accessibles, actuellement utilisables, de Chicoutimi et Saguenay.

Au bas chiffre de 2½ cordes à l'âcre, pour l'épinette noire, de ½ corde pour l'épinette blanche, à prendre dans les têtes d'arbres dont les troncs seront mis en billots, de ½ corde pour le sapin, l'on pourrait d'une première coupe, dans ces 30,626,876 acres de forêt, faire 76,567,190 cordes d'épinette noire, 15,313,438 cordes d'épinette blanche, 15,313,438 cordes de sapin, soit un total de 107,194,066 cordes de bois à pulpe. Calculant l'épinette blanche, pour les billots de sciage, à seulement 500 pieds superficiels à l'acre, il y aurait dans cette partie de Chicoutimi et Saguenay, ou plutôt de la région du Nord, de quoi faire 12,625,438,000 pieds de sciages.

Les bois francs n'ont de valeur, comme matière première ou comme produits ouvrés, qu'en autant qu'ils sont accessibles au transport par chemin de fer. Dans les circonstances présentes, guère plus de 20% de ces bois ne jouissent de cet avantage de l'accessibilité aux moyens de transport par chemins de fer et pour faire une estimation correcte de la valeur présente de nos forêts, il faut tenir compte de ces circonstances. En faisant toutes ces réductions et ces restrictions, on constate que les bois qui se trouvent actuellement dans nos forêts et en des conditions les rendant parfaitement utilisables, représentent les quantités et les valeurs suivantes ;

	Billots de sciage		*Droits de coupe*
Pin blanc........	30,400,000,000 pds à $1.30....		$ 39,520,000.00
Pin rouge.......	7,500,000,000 " à 0.80....		6,000,000.00
Épinette........	87,313,438,000 " à 0.65....		56,753,735.00
Pruche	200,000,000 " à 0.65....		130,000.00
Merisier	80,000,000 " à 1.30....		104,000.00
Érable..........	70,000,000 " à 1.30....		91,000.00
Chêne	2,000,000 " à 1.30....		2,600.00
Orme...........	44,000,000 " à 1.30....		57,200.00
Frêne	26,000,000 " à 1.30....		33,800.00
Hêtre	25,000,000 " à 1.30....		32,500.00
Noyer tendr.e...	1,000,000 " à 1.30....		1,500.00
Bois blanc	20,000,000 " à 1.30....		21,000.00
Bouleau........	35,000,000 " à 0.65....		22,750.00
Peuplier........	53,000,000 " à 0.65....		34,450.00
	125,769,438,000		$102,819,535.00

Bois de pulpe

Épinette......	148,878,628	cordes à	$0.40....	59,548,251.00
Sapin.........	27,913,338	" à	0.40....	11,165,335.00
Peuplier......	11,000.000	" à	0.40....	4,489,000.00
	187,783,965			$75,113,586.00

Dormants de chemins de fer

Cèdre.........	220,000,000	pièces à	0.02....	4,400,000.00
Cyprès.	211,253,352	" à	0.02....	4,225.000.00
Hêtre.........	4,000.000	" à	0.02....	80,000.00
	235,253,352			$8,705,067.00

Poteaux pour fils électriques

Cèdre.......... 1,500,000,000 pds à 0.65.... 545,000.00

Billes à bardeau

Cèdre.......... 1,300,000,000 pds à 0.65.... 600,000.00

Bois carré

Cèdre.......... 30,000,000 p. cub. à 0.02.... 600,000.00

Le total des droits de coupe s'élève à $188,958,188.00

Répartie sur une période de cent ans, cette somme représente pour le gouvernement provincial un revenu de $1,889,581 par année, seulement pour les droits de coupe.

Pour les cultivateurs, ou les colons et les hommes de chantiers, l'abattage de ce bois dans la forêt et le transport aux bords des rivières ou aux stations de chemins de fer, représentant en gages les sommes suivantes, en calculant sur les prix courants :

Billots de sciage

Pin blanc.........	$ 182,400,000	
Pin rouge.........	37,500,000	
		$219,900,000.00
Épinette..........		349,253,752.00
Pruche..........		800,000.00
		$569,853,752.00

```
Bois durs.......... $      1,340,000
Bouleau..........          140.000
Peuplier..........          159.000
                   ——————————  1,639,000.00
                                    ——————————
                              $571,492,752.00
```

Bois à pulpe

```
Epinette.......... $  372,169,570
Sapin............      10.783,384
Peuplier........       27,500,000
                   ——————— $  469,462,954.00
Dormants de chemin de fer.......    21,525,335.00
Poteaux pour fils électriques.....   8,750,000.00
Billes à bardeau................     8,450,000.00
Cèdre carré....................      3,000,000.00
                                    ——————————
                              $1,082,681,041.00
```

En mettant les droits de coupe avec les gages des ouvriers, les différentes espèces de bois représente respectivement les valeurs suivantes :

Espèces de bois	*Droits de coupe*	*Gages*	*Total*
Epinette..........	$ 116,301,986	$ 721,433,322	$ 837,735,308
Pin............	45,520,000	219,900,000	265,420,000
Sapin..........	11,165,000	169,783,000	80,848,000
Cèdre..........	6,720,000	42,200,000	48,920,000
Peuplier........	4,434,450	27,659,000	32,093,450
Cyprès.........	4,225,000	21,125,335	25,350,335
Bois durs.......	428,600	2,190,000	2,618,600
Bouleau.........	22,750	175,000	197,500

Dans ce total de $1,293,183,193, l'épinette représente 64.78% et le pin 20.52%. Le sapin figure pour 6.23% et le cèdre pour 3.78%.

En droits de coupe pour le gouvernement et en gages pour les ouvriers employés dans la forêt, les billots de sciage représentent une valeur de $674,312,287 et le bois à pulpe $544,576,540, ce qui ne fait qu'une différence de $129,735,747. Si, au lieu de ne prendre qu'une étendue de 25,250,876 acres dans les comtés de Chicoutimi et Saguenay, nous prenions les 87,494,628 acres de forêts que renferment ces comtés, il faudrait ajouter au bois de pulpe " flottable " 155,609,380 cordes d'épinette et 38,902,345 de sapin, soit un total de 194,511,725 cordes, ce qui donnerait $77,804,688 en droits de coupe pour le gouvernement et $486,279,312 en gages pour les ouvriers employés dans la forêt ou une valeur totale de $564,084,000. Ajoucela aux $544,576,540 mentionnées plus haut et vous arrivez au chiffre phénoménal de $1,108,660,540, comme représentant la valeur du bois à pulpe en droits de coupe et en gages, c'est-à-dire en ne prenant que l'épinette et laissant de côté plus de trente millions de cordes de peuplier, que nous avons dans les forêts comprises dans les limites qu'avait la province de Québec avant l'annexion, en 1898, des territoires d'Abitibi, Mistassini et Ashuanipi.

Ces chiffres peuvent donner une idée des possibilités de l'industrie de la pulpe et du papier de la province de Québec.

Le bois à pulpe d'Abitibi et de Mistassini n'est pas utilisable pour le présent, vu qu'il n'y a pas de chemins de fer pour sortir ce bois ou ses produits ; mais le bois d'Ashuanipi est aussi utilisable que celui de n'importe quelle autre partie de la province, vu qu'il peut-être amené par la flottaison jusqu'au golfe Hamilton, un bon port sur l'Atlantique, 250 milles au nord du détroit de Belle-Isle. Du golfe Hamilton aux ports de la Grande-Bretagne, il n'y a que 1,750 milles. Il y a une compagnie qui opère dans ces forêts et a son moulin à scie à l'embouchure de la rivière aux oies, affluent du fleuve Hamilton, ce qui met hors de doute que les opérations forestière sont possible dans ce territoire. Les forêts d'Ashuanipi ont une aire d'environ 20,000,000 d'acres et peuvent donner en bois à pulpe 50,000,000 de cordes d'épinette et 10,000,000 de cordes de sapin.

Sur la carte de la province de Québec, ce territoire d'Ashuanipi n'a l'air d'une parcelle ou d'une petite lisière, ce qui n'empêche pas que son étendue excède d'environ 7,000,000 d'acres celle de la Nouvelle-Ecosse et d'au delà de 2,000,000 celle du Nouveau-Brunswick, de même qu'elle égale à peu près celle de l'état du Maine, qui ne renferme que 21,145,600 acres.

Il y a beaucoup de pouvoirs d'eau considérables dans l'Ashuanipi, notamment celui de la Grande Cataracte, ou chute McLean, sur le fleuve Hamilton, à environ cent cinquante milles de la tête de la marée. Cette chute a 302 pieds de hauteur et l'on estime qu'elle peut développer une énergie de plus d'un million de chevaux-vapeur.

Tout cela peut donner une idée des possibilités de la province de Québec pour ce qui concerne l'industrie de la pulpe et du papier, même en ne faisant entrer en ligne de compte que cette partie de ses forêts d'épinette qui est accessible par les voies d'eau et, par conséquent pratiquement utilisable.

Evolution dans la valeur des forêts

Le pin blanc, il y a une trentaine d'années, était regardé comme le seul bois ayant une valeur commerciale, surtout pour le commerce d'exportation. Les explorateurs envoyés dans la forêt pour évaluer une concession forestière classaient l'épinette blanche, la pruche, le sapin le cèdre, même le pin rouge, parmi, les non-valeurs, au rang des déchets. Le pin rouge fut le premier à conquérir le droit de cité dans le monde du commerce de bois et aujourd'hui il est prisé presque à l'égal du pin blanc, même pour l'exportation. L'épinette blanche est venue ensuite et figure maintenant au premier rang parmi les bois recherchés du commerce, même du commerce d'exportation. L'honorable W. C. Edwards, qui parle d'expérience, n'hésite pas à dire qu'il y a plus d'argent dans l'épinette que dans le pin qu'à son avis il n'y a pas au Canada de placement de capitaux aussi bon qu'un placement sur une concession d'épinette, qu'il préfère un placement sur une concession (*limit*) d'épinette, à un placement sur une concession de pin. Un autre prince du commerce de bois, M. J. R. Booth, a fait la déclaration suivante au cours de son témoignage devant la Commission de Colonisation, l'année dernière :

" Jadis nos explorateurs, c'est-à-dire les hommes que nous envoyions explorer pour nous faire rapport de la nature du bois, parcouraient la forêt et nous faisaient rapport qu'il y avait telle quantité de pin sur telle étendue de terrain, et quand nous leur demandions ce qu'il y avait sur le reste du terrain, ils nous faisaient cette réponse, qui réglait la question : " Seulement de la racaille, " voulant dire par là que c'était du bois d'aucune valeur, et comme question de fait l'épinette, à cette époque, n'avait aucune valeur. Aujourd'hui, cette même épinette qu'il y a sur nos terrains a une valeur égale, sinon supérieure, à la valeur qu'avait alors le pin.

"Pour aller un peu plus loin et vous démontrer comment la valeur de nos forêts s'est accrue, laissez-moi vous dire qu'à cette époque nous n'attachions aucune valeur quelconque au pin rouge. Longtemps après que je fus entré dans le commerce de bois, nous n'aurions pas abattu un pin rouge pour le mettre en biilots, même dans les endroits où nous n'avions qu'à l'abattre et à le rouler dans l'eau d'une rivière ou d'un lac et à le laisser descendre à ses frais et dépens ; pas de pin rouge à cette époque pour les marchands de bois aujourd'hui, dans nos opérations en forêt, partout où nous trouvons une épinette, nous l'abattons comme nous abattons le pin blanc, et le pin rouge entre ausssi en réquisition absolument comme le pin blanc. Le pin rouge vaut aujourd'hui autant que le pin blanc.

"Je mentionne ces faits pour vous faire voir l'évolution qui s'est opérée depuis quelques années dans la valeur de nos forêts."

Le cèdre est une autre espèce de bois, jadis regardée comme n'ayant aucune valeur pour le commerce et qui figure aujourd'hui parmi les essences les plus précieuses.

"C'est un bois, dit M. Booth,—et il parle—d'expérience, qui sera de plus en plus recherché, à mesure qu'il sera plus connu. C'est un bois auquel les chemins de fer auront maintenant à demander leur approvisionnement de dormants. Laissez-moi vous en faire la démonstration. Il y a peu d'années, vous n'auriez pu vendre un seul dormant de cèdre pour mettre sur un chemin de fer. Vers cette époque nous commençâmes à les employer sur notre chemin de fer. Nous considérions que notre chemin serait bien équipé avec ces dormants. Pour vous démontrer combien les dormants de cèdre sont prisés aujourd'hui, comparativement à ce qu'ils l'étaient à cette époque, je vous citerai le fait que le Grand-Tronc m'a demandé de lui fournir des dormants de cèdre que j'emploie sur mon propre chemin (le Canada Atlantique, dont M. Booth a été le propriétaire). J'ai offert des dormants d'épinette rouge, mais l'administration m'a répondu qu'elle ne veut pas acheter d'autres dormants que ceux de cèdre. Cette compagnie emploie aujourd'hui les dormants de cèdre comme elle employait jadis les dormants d'épinette rouge ; ceux de cèdre durent de quinze à vingt ans, au lieu que ceux d'épinette rouge ne durent pas plus de cinq ans. Cela démontre la valeur du cèdre, qui se trouve dans toutes les parties de nos forêts. J'attache autant de valeur au cèdre que j'ai sur mes "limites" (*) qu'au pin. L'observateur ordinaire n'a que peu d'idée du cèdre et de sa valeur en général. On emploie ce bois pour faire des cuves, des dormants, et l'on en fait les piles de viaducs les plus sûres pour les chemins de fer ; on l'emploie pour faire des poteaux de télégraphe, de téléphone ainsi que les cuves employées dans les usines à papier. Nous n'avons pas d'autre bois dans le pays pour bien remplacer le cèdre, dont on fait aussi les piquets de clôture. Aux Etats-Unis, un dormant de cèdre vaut plus qu'un dormant de n'importe quelle autre espèce de bois. Voilà les raisons qui me font dire que nous avons dans nos forêts d'immenses richesses à notre disposition. Si, non seulement ceux qui s'occupent de cette question, mais même ceux qui voudront l'étudier, veulent bien se donner le trouble de réfléchir et de jeter un regard autour d'eux, ils constateront qu'il y a plusieurs espèces de bois, que nous avions coutumes de considérer comme sans valeur, et que pourtant nous avons commencé à utiliser avec un si avide empressement, ils verront bien vite, dis-je, ce que vaudront nos forêts dans quelques années.

"Pour revenir au cèdre, je dirai que c'est un bois permanent qu'aucun insecte n'attaque ni ne touche. C'est un bois qui croît partout dans les terrains bas. Tout de même, c'est un bois qui mérite bien d'être conservé. Il pousse où nul autre bois ne pousserait."

Il y a une vingtaine d'années, l'hon. M. W. C. Edwards a fait la déclaration suivante devant un comité de l'assemblée législative de Québec :

"Je déclare ici que j'attache de la valeur à tous les bois qui se trouvent dans une "limite". A mesure que le pin deviendra moins abondant, je considère que la valeur des autres bois haussera. Je considère que le pin blanc, l'épinette, le pin rouge, le mérisier, l'érable, la pruche l'épinette rouge et le cèdre sont tous des bois qui ont une valeur commerciale. Le hêtre, je pense, prendra aussi de la valeur, de même que le bois blanc ou tilleul d'Amérique. Je suis d'opinion que tous les bois qui se trouvent dans les "limites" pren-

---

(*) On appelle "limites" les concessions forestières offermées par le gouvernement à des industriels qui y font la coupe du bois. Cette expression baroque est la traduction libérale du mot anglais "limit".

dront de la valeur, seront utilisés pour les fins commerciales et seront
autant d'actif pour la province. ''

Cette prédiction s'est accomplie à la lettre quant à certains bois
regardés naguères comme n'ayant pas de valeur commerciale, tels
que la cèdre, la pruche, le sapin, l'épinette noire et elle s'accomplira
pareillement à l'égard des bois durs, à mesure que ceux-ci deviendront accessible par les chemins de fer.

Un exemple frappant de cette évolution dans la valeur commerciale de nos forêts nous est fourni par l'épinette noire et le sapin.
Jusqu'à ces dernières années l'épinette noire, qui n'atteint qu'un
diamètre comparativement petit et ne donne que des sciages de pau-
vre qualité, était regardée comme n'ayant absolument aucune valeur
et un marchand de bois qui eut parlé d'acheter une '' limite '' d'épinette noire aurait été considérée comme '' *non compos mentis* '' ou un
homme ayant perdu la raison.   Aujourd'hui les '' limites '' boisées
de cette même épinette noire sont recherchées avec la même avidité
et payées des prix plus élévés que ne l'étaient il y a vingt-cinq ans
les '' limites '' boisées en pin blanc.   Et j'oserai dire que dans bien
des cas il y a plus d'argent à gagner dans l'exploitation d'une
'' limite '' d'épinette noire, qu'il y en a dans l'exploitation d'une
'' limite '' de pin ordinaire.

LES PRINCIPALES CAUSES DE CETTE ÉVOLUTION

Que le Maine, le New-Hampshire, le Massachussetts, le Vermont
et l'état de New-York aient besoin des bois de la province de Québec,
c'est un fait hors de conteste sérieuse.   On a publié des masses de
statistiques, plus ou moins dignes de foi, pour prouver le contraire.
Je ne m'attarderai pas à essayer de réfuter ces statistiques, mais je
vais signaler certains faits qui feront voir la considération qu'elles
méritent.

Les rapports officiels du commerce et de la navigation démontrent
que nous exportons chaque année aux Etats-Unis plusieurs millions
de piastres valant de bois.   Si nos voisins ont réellement chez eux
tout le bois dont ils ont besoin, pourquoi viennent-ils acheter le nôtre
et paient-ils les frais de transport, en sus de la valeur intrinsèque de
de bois ?

Les mêmes remarques s'appliquent au bois à pulpe.   Le recensement des Etats-Unis fait voir qu'en 1900 les usines à pulpe et à papier de ce pays ont employé 349,064 cordes d'épinette venant du Canada, coûtant en moyenne $6.50 la corde, et 1,160,118 cordes d'épinette prise dans les Etats-Unis, coûtant en moyenne $4.80 la corde ou $1.69 moins que l'épinette canadienne. Cette différence dans le coût du bois représente une somme de $589,942. Pourquoi les industriels américains nous paieraient-ils cette différence, s'ils pouvaient réellement trouver chez eux tous le bois dont ils ont besoin, du bois de la même qualité et aussi favorablement situé ? Ils nous ont aussi acheté 20,133 cordes de peuplier pour en faire de la pulpe, en sus des 236,920 cordes qu'ils ont prises chez eux. Et pourtant tout cela n'a pas suffi pour satisfaire les exigences de leur industrie, puisque leurs usines ont emplyé en sus de ce bon bois 220,115 cordes d'autres bois de qualité inférieure, pour faire de la pulpe, tels que le merisier jaune, la pruche et autres essences semblables. S'ils ont chez eux tout le bon bois dont ils ont besoin et si ce bois se trouve dans des situations où il est facile d'en tirer parti profitablement, pourquoi emploient-ils autant de ces bois de qualité inférieure, qui ne peuvent donner que des produits de qualité pareillement inférieure ?

Je veux être bien compris : je ne prétends pas que les forêts de la Nouvelle-Angleterre et de New-York sont ruinées complètement ou entièrement épuisées, ce qui n'est pas le cas ; mais je prétends que pratiquement parlant la phase de l'épuisement arrive pour une grande partie de ces forêts et qu'une autre partie, si bien boisée qu'on la dise, n'est pas utilisable par les industriels des Etats-Unis, vu l'absence de rivières pour sortir le bois, l'éloignement des chemins de fer et l'inaccessibilité de ces forêts au transport par chemin de fer. Presque le quart des plus belles forêts de la partie septentrionale du Maine se trouve dans cette position. Pour amener le bois de ces forêts aux grandes usines de Rumford Falls, par exemple qui contrôlent presque toute cette forêt, il faudrait le descendre par la flotaison sur la rivière St-Jean et de là le transporter par chemin de fer plusieurs centaines de milles dans l'intérieur, où se trouvent les usines, ce qui est impraticable de faire d'une manière profitable. Comme question de fait, plusieurs des propriétaires de ces forêts vendent la coupe de leurs bois aux propriétaires de scieries de St-Jean, qui peuvent l'amener facilement à leurs moulins par la flottaison

Cet état de choses, il faut bien l'admettre, diminue sensiblement la possibilité de production des forêts du Maine, pour ce qui concerne le bois à pulpe et sous ce rapport le Maine est celui de tous les états de la république américaine, qui possède les plus abondantes ressources. En 1900, si le recencement des Etats-Unis est correct les pulperies du Maine ont employé 20,638 cordes d'épinette importées de la province de Québec et payées en moyenne \$8.24 la corde. Durant la même année les mêmes pulperies ont employé 265,859 cordes d'épinette américaine, payées en moyenne \$4.99 la corde livrée aux usines, ou \$3.25 moins que le coût de l'épinette canadienne. Pourquoi les propriétaires de ces usines auraient-ils payé \$3.25 la corde de plus pour l'épinette canadienne, s'ils pouvaient se procurer chez eux tout le bois dont ils ont besoin et de la qualité qu'il leur faut ? Des 196,180 cordes d'épinette employées par les usines du New-Hampshire, 87.139, ou 44.11% venant de la province de Québec. Les pulperie de Vermont ont employé 56,988 cordes d'épinette, dont 25,442 avaient été prises dans notre province. Les 179 usines de l'état de New-York, représentant en nombre plus de 20% des 763 usines à pulpe et à papier de toute la république des Etats-Unis. ont employé 505.154 cordes d'épinette, dont 141,729 cordes avaient été importées du Canada. Les usines de l'Indiana, de la Pennsylvanie et du Wisconsin ont pareillement consommé 45,227 cordes d'épinette importées du Canada. A part le bois à l'état brut, les usines des Etats-Unis nous achètent aujourd'hui les sept huitièmes de toute la pulpe qui se fait dans la province de Québec.

Tous ces faits démontrent que l'industrie du papier, aux Etats-Unis, a besoin de notre bois à pulpe et que la demande venant de là augmentera dans la même proportion que diminuera chez nos voisins l'approvisionnement de bois produit par leurs forêts Je ne dis pas que les fabricants de pulpe et de papier des Etats-Unis sont incapables de se passer de notre bois, mais je prétends qu'il est bien plus profitable pour eux d'avoir notre bois que de ne pas l'avoir, et je m'appuie sur cette prétention pour exprimer l'opinion que les exigences de l'insdustrie des Etats-Unis donnent à nos forêts de bois à pulpe une valeur qui ne peut augmenter avec le temps.

Il en est un peu de même pour nos forêts de pin, dont la valeur devra nécessairement augmenter dans une proportion correspondante à l'épuisement des pinières des Etats-Unis.

M. Geo. W Hotchkiss, secrétaire de la bourse aux bois ("Lumberman's Exchange,") de Chicago, est l'un des hommes les mieux renseignés sur ces questions et son opinion fait autorité en ces matières. En 1888, il ecrivait ce qui suit :

'' Il y a [cent ans, le Maine, le Vermont, le New-Hampshire, l'état de New-York et de Pennsylvanie possédaient de vastes forêts de pin blanc. A l'ouest des Lacs, le Michigan, le Wisconsin et le Minnesota, il y a une cinquantaine d'années, formaient une forêt ininterrompue. abondant en bois de toutes sortes et où le pin blanc dominait.

'' Aujourd'hui le Maine nous envoie de l'épiuette et un peu de jeune petit pin blanc, de qualité si inférieure, qu'on nous aurait à peine envoyé cela pour du bois de chauffage, aux beaux jours des forêts de cet Etat. Le Vermont, le New-Hampshire et l'Etat de New-York, ont encore par-ci par-là quelques bouquets de bois, mais ont perdu tout titre à la prétention d'être des Etats produisant du bois, La Pennsylvanie possède encore quelques centaines de millions de pieds de bois sur les flancs des Alleghanys, mais elle a été mise hors de la liste comme région produisant du bois. A l'est des Grands Lacs, il ne reste rien (excepté les forêts d'épinette du nord et de l'est du Maine), sauf de la pruche et du bois franc, et en quantité très restreinte, insuffisante pour suppléer à la demande locale dans la majeure partie des places. Les forêts du Michigan, du Wisconsin et du Minnesota sont les seules qui restent comme recours aux marchands de bois à l'est des montagnes Rocheuses. Les forêts primitives du Michigan contenaient probablement 150 billions de pieds de pin ; mais cinquante années de coupe ont sans doute réduit cette quantité à pas plus de douze à vingt billions de pieds, avec une coupe annuelle, durant les dernières cinq années, approchent quatre bilions et demi et l'on a coupé si petit qu'on a détruit tout le jeune pin qui crossait sur le terrain. L'on pourrait à peine évaluer à trente ou trente-cinq billions de pieds la coupe du pin dans le Wisconsin, un peu plus que ce q'absorbe la consommation domestique des Etats-Unis en une seule année Dans le recensement de 1880, le Minnesota est crédité pour onze billions de pieds, quantité contestée par quelques-uns comme trop base et comme d'autres par trop haute et qui, si l'on apporte aujourd'hui à dix billions, ne pourrait fournir qu'une année les moulins des Etats du Nord-Ouest opérant dans le pin. De fait si l'on faisait marcher à leur plaine capacité les moulins de ces trois Etats, il resterait peu de pin à scier après la septième année. Et cette estimation comprend le pin rouge, qui forme une proportion sensible de la forêt. Dans le Michigan et le Wisconsin, il reste encore des quantités considérables de bois francs, mais on n'en prend pas soin d'une façon adéquate à leur valeur, qui est considérable. Ces bois, cependant, ont l'avantage de se reproduire, ce que ne peut pas faire le pin. ''

Il y a quelques semaines, le *Mississipi Valley Lumberman* faisait les contestations suivantes :

''Les pinières du Michigan sont épuisées et leur production est devenue un facteur négligeable dans l'approvisionnement du marché. La production de ces forêts est aujourd'hui audessous d'un billion de pieds. Dans nos recherches pour nous procurer des renseignements sur ce qui reste de pin blanc dans les forêts du Nord-Ouest, nous avons trouvé pour le Wisconsin les chiffres suivants. En 1897 le ministre de l'agriculture des Etats-Unis a fait la supputation du pin blanc restant dans les forêts du Wisconsin. Ce calcul fut basé sur les renseignements fournis par les marchands de bois. D'après cette estimation, au commencement de l'année 1897, il ne restait dans les forêts du Wisconsin que dix-huit billions de pieds. Les rapports des propriétaires de moulins prenant leurs bois dans le Wisconsin établissent que depuis cette époque il a été scié 13,643,-669,200 pieds de ce pin. Retranchant de cette quantité de dix-huit billions qu'il y avait en 1897, il ne resterait actuellement que 4,356,-330,800 pieds. Si ces moulins continuent à scier autant de pin blanc que par le passé, le Wisconsin cessera dans les trois ans à venir de figurer parmi les Etats produisant ce bois. ''

Si le Minnesota n'avait que onze billons de pieds en 1880, tel que constaté par M. Hotchkiss, il ne doit pas lui en rester beaucoup aujourd'hui. C'est-à-dire que pratiquement parlant et comparativement à ce qu'il y avait autrefois, il ne reste plus de pin dans les Etats du Nord-Ouest.

Cet épuisement des forêts des Etats-Unis explique en grande partie l'évolution dans la valeur des forêts des anciennes provinces du Canada. A défaut de pin, le marché de la Nouvelle-Agleterre a donné droit de cité à l'épinette. La même chose se produit depuis quelques années dans l'Etat de New-York et avant longtemps il en sera de même sur le marché de Chicago, qui absorbe annuellement deux billions de pieds de siages.

Le développement de notre réseau de chemin de fer est aussi un puissant facteur dans l'augmentation de la valeur de nos forêts. L'accessibilité par chemin de fer a déjà rendu utilisable une bonne partie de nos bois francs. Plusieurs compagnies ont en projet des chemins de fer qui devront traverser la Région du Centre de l'est à l'ouest et aboutir à la baie Georgienne, où ils se raccorderont à la navigation sur les Grands Lacs. Des millions de pieds de bois francs, dans nos forêts qui seront traversées par ces chemins de fer, et qui n'ont maintenant aucune valeur, deviendront utilisables et seront utilisés à mesure que le transport par chemin de fer deviendra possible et que ces bois pourront être transportés d'une manière profitable aux grandes manufactures de meubles de Grand Rapids ainsi qu'au marché illimité de Chicago. Par cette route le pin et l'épinette du territoire de l'Ottawa n'auront à supporter le coût que d'un transport d'environ 125 milles par chemin de fer et de moins de 500 milles par la navigation pour atteindre le marché de Chicago, qui prend en moyenne deux billions de pieds, et celui de Milwakee, qui en prend 250 millions par année. Dans les circonstances actuelles, ces marchés sont virtuellement fermés aux produits de nos forêts de l'Ottawa, par la longueur exeessive et le coût du transport.

L'éloignement d'une partie de ces forêts exclut leurs produits même du marché d'Ottawa. Dans un de ses rapports, M. Henry O'Sullivan démontre que plusieurs mille milles en superficie, dans la partie nord-est de ce territoire, contiennent en abondance du bon pin et de la belle épinette qui ne deviendront utilisables que par la construction des chemins de fer. ''Et dans le cas, dit-il où un chemin de fer viendrait à passer dans les environs du lac Kakabonga ou du lac à l'Ecorce, toute cette région qui occupe un territoire d'environ mille milles carrés, pourrait avoir un service de navigation qui se relierait au chemin de fer. Bien que le pin de la plus belle qualité ait été enlevé, il y a quelques années, il en reste encore beaucoup à l'intérieur, mais à cause de la distance et du mauvais état des rivières, le coût de la descente est si élevé qu'il interdit l'exploitation de l'épinette et de tout autre bois de second qualité. Avec un chemin de fer et un service de bateaux à vapeur, ce serait bien différend : des moulins pourrait être établis sur les lieux et le bois scié, de toutes espèces, serait expédié par voie ferrée...

" Dans ce dernier rapport, j'ai insisté sur l'immense avantage qui résulterait de la déviation des eaux du lac Victoria vers la vallée de la rivière Dumoine, si toutefois ce projet était réalisable : mais, dans le cas où cela ne serait pas possible, une chose plus désirable et plus avantageuse encore serait la construction d'une voie ferrée à travers cette région...

" Un simple coup d'œil jeté sur la carte de cette contrée fait voir qu'entre cette décharge et celle du lac des Quinze, il y a plus de 6,000 milles carrés de territoire arrosé par l'Ottawa et ses tributaires, en amont du lac des Quinze, qui ne pourront jamais être développés avantageusement sans un chemin de fer. Je ne suis pas prêt à dire que toute cette vaste étendue de 6,000 milles carrés soit, ou propre à la culture, ou bien boisée, mais je puis sûrement dire que plus de la moitié de cette étendue est comprise dans les limites de la meilleure région forestière produisant le pin, que l'on puisse maintenant trouver dans la province, et que beaucoup de bonne terre cultivable y existe également.

" Ce pays est partout bien boisé, mais il paraît qu'une partie du pin qui s'y trouve est défectueux... S'il y avait des scieries à cet endroit (le lac Moose, en dehors des deux territoires mentionnés plus haut) ou si la région était facilement accessible, beaucoup de bon bois qui est maintenant perdu serait utilisé ; mais lorsqu'on considère la grande distance de 700 milles qu'il faut franchir pour amener ce bois sur le marché, il est évident qu'un article de seconde qualité ne peut payer celui qui tenterait de l'exploiter."

Le Grand-Tronc-Pacifique peut-être, et le chemin de fer de Québec au lac Huron, très probablement, dans deux ou trois ans, donneront accès à ce territoire et à une plus large étendue de forêt dans celui d'Abitibi, donnant ainsi à ces forêts une grande valeur et rendant utilisable le bois de ces six ou sept mille milles de riches terrains, ajoutant ainsi à notre richesse et à nos ressources forestières.

Les mêmes facteurs contribueront de la même manière à l'évolution dans la valeur de nos forêts en beaucoup d'autres parties de la province.

QUANTITÉS ABATTUES ANNUELLEMENT

Sur ce point, le recensement de 1901 nous fournit la statistique suivante :

Pin :

	Pieds	
Billots de sciage	445,036,000	
Bois carré	15,595,484	
		460,631,474

Epinette :

Billots de sciage	599,447,000	
Bois carré	41,792,520	
		641,239,520

Pruche :

Billots de sciage		38,121,000

Cèdre :

Billes à bardeau et bois carré..,	68,777,000	
Pilotis et poteaux	2,738,440	
Dormants (2,703,807)	8,111,421	
		79,519,861

Bois durs :

Orme	3,465,860	
Frêne	2,104,444	
Merisier	6,877,808	
Erable	963,276	
Chêne	718,156	
Noyer dur	131,000	
		14,082,344

Bsis a pulpe :

	Cordes	
Epinette	474,178	
Sapin	52,687	
		316,119,000
		1,549,820,219

Les différentes quantité mentionnées dans le recensement sont dans la colonne à droite de ce tableau converties en pieds superficiels, pour faciliter la comparaison.

Combien de temps dureront nos forêts

La manière la plus plausible de répondre à cette question, c'est de comparer les quantités de bois que nous avons dans nos forêts, avec les quantités données par le recensement comme représentant la consommation annuelle. Et pour ne pas outre-passer les limites certaines de la réalité, nous ne prendrons pour chaque région que les quantités réduites, ou seulement le produit des parties de nos forêts actuellement utilisables, c'est-à-dire dont le bois peut être sorti par la flottation ou les chemins de fer. Divisant ces quantités en forêt par celle de la consommation annuelle, établie par le recensement, le quotient indique pour chaque espèce de bois le nombre d'années que durera l'approvisionnement. Les résultats de cette opération sont indiqués dans le tableau suivant :

	En forêt	Consomma-tion annuelle	Durée ans
Pin	37,900,000,000 pieds	460,631,484	32
Epinette	87,313,438,000 "	641,239,520	137
Cèdre :			
Bardeau et bois carré…	1,660,000,000 pieds	68,777,000	24
Dormants	220,000,000 pièces	2,703,807	81
Poteaux	17,500,000 "	119,072	147
Bois durs	356,000,000 pieds	14,082,334	25
Bois à pulpe	176,783,966 cord.	526,865	334

Le nombre d'années indique arithmétiquement la durée, sans tenir compte de diveses circonstances propres à abréger ou prolonger cette durée. Le feu, la concession sans discernement des terrains pour les fins de colonisation, le manque de prudence dans la conduite des opérations forestières régulières, le gaspillage dans ces opérations la faculté naturelle de reproduction que possèdent certaines essences ligneuses, le prolongement des chemins de fer à travers la forêt, sont à ce point de vue des facteurs importants dignes de la plus sérieuse considération.

Pour ceux qui ont donné une attention spéciale à ce sujet, il est bien connu que le feu a détruit beaucoup plus de bois précieux qu'il n'en a été détruit par la hache de l'homme de chantier. C'est particulièrement le cas pour le pin.   Devant un comité de l'assenblée législative, l'hon. M. Edwards a déclaré comme étant sa "sincère conviction, que le feu a détruit au moins vingt fois autant de bois qu'il en a été pris par les marchands de bois, si l'on tient compte du jeune bois qui poussait lors de la destruction de la forêt par le feu."

Cette déclaration s'applique aux pinières de l'Ottawa, qui renferment pour ainsi dire tout le pin que nous avons dans la province de Québec.   Si l'on ne prend pas les moyens de mettre fin aux ravages du feu, il ne serait guère possible de fixer à plus de quarante ou cinquante ans la durée de nos pinières.

Puis il y a l'envahissement de la forêt sous prétexte de colonisation.   Autant qu'il est possible d'en juger par les archives du ministre des terres, durant les dernières soixante années, les opérations des marchands de bois ont enlevé des forêts de Pontiac et de Wright environ dix-huit billions de pieds de pin.   Si les feux de forêts, causés surtout par les colons en faisant brûler leurs défrichements, en ont détruit pas vingt fois, mais seulement une fois autant, le total enlevé par les marchands de bois et détruit par le feu s'élèverait à trente-six millions de pieds, ce qui revenait à dire qu'avec la continuation de l'ordre de choses qui a existé jusqu'à ce jour, le pin aura disparu avant cinquante ans du territoire de l'Ottawa supérieur.   On a amélioré depuis quelques années les moyens de protéger la forêt contre l'incendie, mais les envahissements de la colonisation empirent d'année en année, de sorte qu'il n'y a guère lieu d'espérer beaucoup d'amélioration, pour ce qui regarde la conservation de ces pinières.   Et il est tout probable que la coupe régulière par les marchands de bois augmentera à mesure que ces derniers auront plus de facilités pour expédier le bois aux ports des Grands Lacs et de là à Chicago, qui en demandera plus et le paiera plus cher, à mesure que s'épuiseront les pinières du Wisconsin et du Minnesota.

Toutes ces circonstance bien considérees, l'on peut dire sans exagération que cinquante ans sont la durée la plus longue que l'on puisse assigner à nos pinières.   Comme de raison, la faculté de reproduction naturelle de la forêt pourrait aider un peu à prolonger cette durée, mais il n'y a guère à attendre de ce côté : le pin ne se reproduit qu'en certains endroits, dans les conditions les plus favorables, et il reste à démontrer si même dans ces conditions favorables cette reproduction se continuera à perpétuité.

Le cèdre est à peu près dans la même position que le pin. Il n'est pas aussi exposé au danger du feu, mais la coupe frénétique et insensée qu'on en fait depuis quelques années et qui augmente constamment, mettra bientôt ce bois dans la catégorie des choses du passé, ainsi que cela est aujourd'hui le cas dans le Maine, où le même système a prévalu durant dix ou vingt ans.

Les bois francs, dans les endroits où ils sont actuellement utilisables, dureront certainement le nombre d'années qui leur est assigné, même si la coupe augmente. Et même en prenant en considération le fait que les nouveaux chemins de fer stimuleront la coupe en procurant des moyens faciles pour sortir ces bois de la forêt, l'on peut dire que l'approvisionnement est pratiquement inépuisable.

Si nous savons les protéger contre le feu et les exploiter avec méthode, nos forêts d'épinette sont pratiquement inépuisables, notamment pour ce qui regarde la production du bois à pulpe. En règle générale, la forêt d'épinette se reproduit d'elle-même en quinze ou vingt ans, au plus, et dans bien des endroits, en beaucoup moins de temps, quand l'on n'abat au cours des opérations forestières que les gros arbres d'onze ou douze pouces de diamètre et qu'on laisse croître les plus petits. Par la nature même de ce bois, l'épinette n'est pas aussi exposée que le pin aux ravages des feux de forêts et même dans le cas ou un autre arbre d'épinette a passé au feu, on peut encore tirer avantageusement parti du bois, ce qui n'est pas ordinairement le cas pour le pin brûlé. Et en ne coupant que les gros arbres vous stimulez la croissance des petits, qui ont alors plus d'espace et de lumière pour se développer.

Les résultats désirables que nous aurions droit d'attendre de cette faculté que possède l'épinette de se produire naturellement sont effacés par notre système irrationnel de colonisation. En concédant sans discernement les terres pour les fins de colonisation et en permettant aux colons de s'enfoncer loin dans la forêt, nous forçons les propriétaires de " limites, " c'est-à-dire ceux-là mêmes qui ont le plus d'intérêt à la conserver, à se faire les destructeurs de cette forêt dans laquelle ils ont placé des capitaux considérables. Dans le but de servir leurs meilleurs intérêts et d'assurer la permanence des placements de capitaux qu'ils ont fait sur ces propriétés, leur propriétaires de "limites" s'efforcent de prolonger leur exploitation en régularisant et systématisant la coupe du bois ; mais ces hommes sont des mortels comme tous les autres et quand ils appréhendent la perte de leurs labeurs et du fruit de la sage administration de leurs domaines, par l'envahissement de la colonisation, ils prennent naturellement les moyens de tirer le meilleur parti possible de la situation, et forcément ils abandonnent la méthode systématique suivie durant des années dans l'exploitation de leurs domaines, ils abattent tout ce qu'ils peuvent prendre, tout ce qui peut leur rapporter de l'argent, ils réalisent autant qu'ils peuvent, afin de se refaire un peu de leurs déboursés. Ils mettent en pratique l'axiome que charité bien ordonnée commence par soi-même.

Cependant, pour ce qui regarde la destruction de la forêt, le spéculateur ou le pseudo-colon est de beaucoup le danger le plus à redouter. Comme il ne paie pratiquement aucun droit de coupe au gouvernement, comme il n'a pas à maintenir la valeur d'un placement de capitaux, comme il n'est pas obligé, ainsi que l'est le propriétaire de "limites", de ne couper que les arbres ayant le diamètre prescrit par les règlements du ministère des terres, comme, avant tout, son seul et unique objet est de faire autant d'argent que possible, en aussi peu de temps que possible, le spéculateur ou faux colon balaie tout simplement la forêt, coupant et enlevant même les broussailles, s'il peut en obtenir de l'argent, ne laissant pas un arbre assez gros pour produire la graine nécessaire pour donner naissance à une autre croissance. Puis les tas et les amoncellements de branches, de copeaux et de matériaux inflammables qu'il laisse sur le terrain sont une invitation pour le feu, qui accepte généralement cette politesse, et une fois allumé, étend son œuvre de dévastation dans les forêts avoisinantes.

Pour quiconque n'a pas vérifié les faits sur les lieux, n'a pas vu cela de ses propres yeux, il est impossible de se former une idée exacte des dommages causés par les faux colons ou ceux qui vont se fixer au milieu de la forêt, surtout dans une pinière. Je soumets les faits suivants à la considération de ceux qui seraient disposés à faire de bonne foi une étude impartiale de cette question.

Il n'y a pas bien des années, un nommé Antoine Lafond alla se fixer dans la forêt, sur les bords du lac Cagamont, affluent de la rivière à l'Aigle, loin des autres établissements. En défrichant un lopin de terre pour ensemencer une récoltes de pommes de terre qui rapporta cinq minots de tubercules, il causa une incendie qui détruisit "trois cent millions de pieds de pin," Le pin ainsi détruit vaudrait aujourd'hui $390,000 en droits de coupe pour le gouvernement, $1,800,000 en gages pour les hommes de chantiers et au bas chiffre de $4.00 le mille pieds, $1,200,000 en profits pour le propriétaire de la "limite." En résumé, pour faire une récolte de cinq minots de pomme de terre, ce soi-disant colon a détruit du bois qui, aujourd'hui, vaudrait au moins $3,390,000. Le terrain ainsi dévasté n'est plus qu'un désert sans valeur aucune, où nul colon voudrait se fixer, en sorte que cette étendue de terrain est perdue à toutes fins. Au cours de son témoignage devant la Commission de Colonisation, l'année dernière, M. J. S. Gillies a juré que la maison dont il fait partie a perdu de la même manière cent millions de pieds de pin dans la région du lac Témiscamingue, ce qui représente une perte de $1,130,000 pour le gouvernement, les hommes de chantiers et le propriétaire de la "limite." M. Alex. Lumsden a cité deux autres cas semblables où, pour défricher quelques arpents de mauvaise terre, dans la région du lac Keepewa, on causa un incendie qui détruisit plus de cent vingt millions de pieds de pin.

Si l'on ne prend pas les moyens de mettre un terme à cet état de choses, la durée de nos forêts de pin n'offre pas une perspective bien brillante.

Nos forêts d'épinette ont subi des dommages considérables provenant de la même cause. Dans la partie nord-est de la province, ce sont les Sauvages qui sont la cause du mal. Pour se faire des signaux ou créer des plaines de bluets, dans le but d'attirer les ours, ou par négligence d'éteindre les feux de campement, ils causent des conflagrations qui détruisent chaque année de vastes étendues de forêt. A ce sujet, le Dr Low dans son précieux ouvrage sur la péninsule du Labrador, cite des faits dignes d'attirer l'atttention de tous ceux qui s'intéressent à la conservation de nos forêts.

Comment conserver nos forêts

Il a été proposé plusieurs méthodes pour assurer la conservation de nos forêts, entre autres le semis et la "replantation." Ces méthodes ne sont désirables ni praticables dans la province de Québec. D'abord le gouvernement n'a pas les moyens pécuniaires voulus pour organiser et maintenir un système de sylviculture capable de produire des résultats appréciables. En second lieu, dans les régions où le repeuplement de la forêt serait le plus à désirer, nos terres à bois sont en la possession d'industriels qui ont placé des capitaux dans l'exploitations de ces forêts comme placement de rendement et l'on ne pourrait raisonnablement s'attendre à ce que ces industriels consentiraient à adopter n'importe quel système d'aménagement, à moins qu'il ne fût démontré que ce nouveau système d'exploitation forestière leur rapporterait plus que les méthodes actuellement en pratique. Comme l'a si bien dit le professeur Fernow, la seule raison pour les marchands de bois et les propriétaires de forêts d'adopter les méthodes scientifiques d'exploitation forestière, serait la considération pécuniaire et, ici comme aux Etats-Unis, tout système concernant la conservation des forêts par l'aménagement, doit être un compromis entre le possesseur du bois et la sylviculture scientifique. C'est pareillement une question de compromis entre le gouvernement et les porteurs de licences pour la coupe du bois. L'intérêts de ces derniers est de couper autant de bois que possible sans faire tort à la faculté de reproduction naturelle de la forêt ; mais ils laisseront volontiers un certain montant de capital placé sur la forêt, représenté par le bois qui pousse, et ils se contenteront de ce que rapportera la vente du bois marchand parvenu à sa pleine maturité, si on leur donne la garantie que leur tenure sera équitablement protégée contre des envahissements malhonnêtes, sous pétexte de colonisation, et aussi contre le danger des incendies qui sont la conséquence accoutumée de ces envahissements.

Donc dans notre province, pour rester dans la sphère du praticable, le soin de la forêt doit se borner à la protection contre le feu et les incursions de ces pirates qui l'envahissent sous prétexte de promouvoir la colonisation. '' Les règles, dit le professeur Fernow, qui ont force d'axiome ailleurs, doivent être dans bien des cas, mises de côté ici et bien souvent il faut sacrifier les résultats qui pourraient être obtenus en dépensant de faibles sommes d'argent, parce que le possesseur de la forêt ne peut pas faire le sacrifice du rendement qu'il attend de son placement. Le maintien d'une coupe fixe, la divisiou d'un domaine forestier en lopins, un système permanent de voirie, l'accessibilité simultanée de toutes les parties d'une forêt, l'établissement de lignes de coupe-feu, l'aménagent de la coupe et beaucoup d'autres choses semblables, généralement considéiées en Europe comme faisant partie de l'administration d'une forêt, sont tous et chacun, dans beaucoup de cas, de points qu'il faut ranger ici dans le domaine des choses impraticables.''

Ces remarques sensées et si pratiques, s'appliquent à notre province comme à l'état de New-York et devraient nous servir de guides dans l'administration de nos forêts. Tous nos efforts devraient tendre à l'organisation d'un système réellement efficace de protection contre le feu ainsi qu'à la classification de notre domaine public en terres à bois et terres à culture, dans le but d'assurer aux colons de bonne foi libre accès aux premières et d'exclure des autres les pirates faisant sous l'égide de la colonisation, assurant ainsi la tenure des porteurs de licences et encourageant ces derniers à adopter pour leurs opérations un système qui assurerait la reproduction naturelle de la forêt. Adoptons ce système et nos forêts d'épinette, surtout nos forêts de bois à pulpe, seront pratiquement inépuisables, même si nous les soumettons à une coupe dix fois plus considérable que celle que nous faisons maintenant.

Notre système de protection contre le feu a été sensiblement amélioré depuis quelques années, mais il est encore insuffisant et n'atteint pas ce haut degré d'efficacité qui devrait le caractériser. La loi est bonne et atteindrait certainement son but si elle était bien mise en force ; mais quand il faut prendre les moyens rigoureux pour la faire observer, l'influence politique s'interpose et les plus chers intérêts du pays sont relégués à l'arrière plan. Dans son rapport la commission de colonisation a fait les recommandations suivantes, qui devraient être suivies :

'' Le personnel chargé de ce service est trop sujet aux influences politiques pour remplir ses devoirs avec énergie et l'indépendance qui seules peuvent en assurer l'efficacité. Dans plusieurs cas, l'influence politique a fait confier le poste de garde-feu à des hommes qui n'ont ni l'activité ni la compétence voulues pour occuper ce poste, dont dépend la conservation de la plus grande source de revenu de la province.

‘‘Tous les porteurs de licences ont à leur service en permanence des gardiens de dépôts de provisions, des surveillants et des chefs de chantiers qui ont une connaissance parfaite de leurs territoires respectifs ainsi que des établissements environnants. Nous ne connaissons pas d'autres hommes, aussi en état que ceux-ci, d'exercer efficacement les positions de garde-feu. Nous sommes d'opinion que ces hommes devraient être choisis et nommés de préférence à tous autres et qu'il ne devrait en être nommé d'autres que dans les endroits où il n'y en a pas dans le voisinage de terrains sous licence pour la coupe du bois.

‘‘Comme de raison le gouvernement devrait garder le contrôle de ce service, et à cette fin, avoir un ou deux officiers spéciaux chargés de voir s'il est fait avec activité et efficacité. Ces officiers circuleraient tout le temps, du 1er avril au 15 novembre, dans les territoires assignés à leur contrôle et seraient tenus de recommander la démission de tout garde-feu pour cause de négligence ou d'incompétence.

‘‘Une patrouille constante, dit le professeur Fernow, semble être le seul moyen de protection contre le danger du feu ; tous les autres moyens me paraissent plus coûteux et moins efficaces...... Et la composition du personnel de ce service est de première importance : même quand ce personnel est composé d'hommes bien qualifiés, seules une surveillance et une inspection constantes pourront tenir ce service en activité et son personnel sur le qui vive. ’’

Le principal but d'une bonne organisation devrait être de prévenir plutôt que d'arrêter les conflagrations. Une fois parti le feu gagne rapidement du terrain et continue sa course, malgré tous les efforts qu'on puisse faire pour l'arrêter, jusqu'à ce qu'une grosse pluie, un cours d'eau ou un marécage mette obstacle à son expansion. Le premier devoir des gardes-feu devrait donc consister en premier lieu à contrôler l'allumage des feux de défrichements dans le voisinage de la forêt. Durant la saison sèche, il ne devrait être permis à personne d'allumer un feu de défrichement sans en avertir au préalable le garde-feu le plus proche, lequel devrait être sur les lieux avec une équipe suffisante pour contrôler le feu et l'empêcher de se répandre, au cas où il serait allumé dans un endroit dangereux.

Avec les principes démocratiques qui caractérisent notre système administratif, c'est probablement une forte besogne que d'amener le peuple à apprécier la nécessité d'un pareil contrôle et c'est peut-être en préparant l'opinion publique à cette évolution que des sociétés telles que l'Association forestière du Canada peuvent aider de la manière la plus efficace à la conservation des forêts, en particulier pour ce qui concerne la province de Québec. Au lieu de nous épuiser en vains efforts pour faire croître une deuxième récolte de bois, bornons-nous à la tâche déjà assez ardue de conserver ce qui est déjà poussé et utilisable.

Sous ce rapport, il est bien permis de dire que le gouvernement ne fait pas assez, comparativement, pour la conservation de nos forêts. Nos édifices publics valent environ $3,000,000. Pour les protéger contre la destruction par le feu, nous avons dépensé en 1903, en primes d'assurance et en salaires aux gardiens, $50,000. En 1903 la chasse et la pêche ont donné un revenu de $63,119. Pour protéger cette source de revenu, qu'il serait comparativement facile de refaire si elle venait à être détruite, nous avons employé 315 garde-pêche et garde-chasse, auxquels nous avons payé $20,000 en salaires. Pour le même exercice 1903, les bois et forêts ont fourni au trésor une recette de $1,241,814. Pour protéger cette source de revenu, de beaucoup la plus précieuse après le subside fédéral, nous avons employé un personnel de 99 garde-feu, auxquels nous avons payé $17,000 en salaires et frais de déplacement et les porteurs de licences pour la coupe du bois ont fourni leur bonne quote-part de cette somme.

Quand nous dépensons $50,000 pour protéger contre l'incendie des édifices valant $3,000,000, quand nous dépensons $20,000 pour protéger une source de revenu qui ne rapporte que $63,119 et qui pourrait être facilement et promptement renouvelée, si elle venait à être détruite temporairement, sommes-nous justifiables de ne dépenser que la mince et inadéquate bagatelle de $17,000 pour protéger contre une destruction irréparable un domaine forestier qui constitue la meilleure, la plus précieuse et la plus utilisable partie de la richesse de notre province, un domaine valant des billions de piastres, capable de produire à l'administration provinciale un revenu annuel de $2,000,-000, de procurer annuellement à nos cultivateurs, pour la vente de leurs produits, et à nos hommes de chantiers, pour leurs gages, plus de vingt millions de piastres ?

La classification des terres publiques telle qu'autorisée par la loi passée durant la dernière session de la législature, contribuera beaucoup à diminuer les dangers du feu, si elle est fidèlement et énergiquement appliquée. Sous le régime de cette loi, la colonisation sera concentrée, ce qui rendra beaucoup plus facile la protection de la forêt contre les feux de défrichements. Avec un bon personnel de garde-feu actifs et intelligents, le danger sera réduit à ses plus simples proportions et il est raisonnable d'espérer que cette législation produira les résultats les plus désirables, si l'affluence politique n'intervient pas pour faire échec à l'accomplissement de cette importante réforme. Cette loi, si elle est appliquée avec équité et avec rigueur donnera aussi le coup de grâce à la néfaste engeance des spéculateurs sur les terrains et des pirates de bois, engeance qui constitue l'un des plus grands dangers pour nos forêts.

La protection de la forêt contre les feux allumés par les Sauvages est la partie là plus difficile du problême. Les Sauvages sont sous le contrôle exclusif du gouvernement fédéral, qui devrait être induit à prendre les moyens nécessaires pour les empêcher de causer, chaque année, dans les forêts de la partie nord-est de la province, des dommages qui se comptent déjà par millions de piastres. Dans le cas ou les autorités fédérales manqueraient à prendre les mesures voulues pour assurer la protection de ces forêts, le gouvernement provincial en arrivera peut-être à la détermination d'appliquer aux Sauvages la partie de la loi qui défend à n'importe qui de pénétrer dans la forêt sans un permis à cette fin, durant la saison de sécheresse. Et si ce dispositif n'existe pas dans nos lois, il faut l'y introduire. Quand à l'initiative qui devrait être prise de ce chef par le gouvernement fédéral, la collaboration de l'Association Forestière du Canada pourrait faire beaucoup pour l'obtenir, et j'espère que notre province aura le bénéfice de cette collaboration.

FACILITÉS POUR LA SORTIE DU BOIS

Il suffit de jeter un coup d'œil sur la carte de la province de Québec pour voir qu'elle est traversée en tous sens par des rivières procurant des facilités exceptionnelles pour sortir le bois de la forêt au moyen de la flottaison. Les principales artères de ce magnifique système fluvial sont le St-Laurent, le fleuve Hamilton, l'Eastmain, le Rupert et le Nottaway.

Les principaux tributaires du St-Laurent sont l'Ottawa, le St-Maurice, le Saguenay, la rivière aux Outardes, la Manicouagan et la rivière Romaine, du côté nord. Au sud, il y a la rivière Saint-François, la Chaudière, l'Etchemin, la rivière du Sud, celles de Rimouski et de la Madeleine. Sur le versant méridional des monts Notre-Dame et des Shisshocks, il y a la rivière St-Jean, la Madawaska, la Restigouche, la Nouvelle, les deux rivières Cascapédia, la Bonaventure, les rivières Port-Daniel et Pabos, la Grande Rivière, la St-Jean ou Douglastown, la rivière York et la Darthmouth. Toutes ces rivières du versant méridional débouchent dans la mer. Celles du versant nord débouchent dans la partie du St-Laurent accessible à la navigation océanique, de même que celles du versant méridional des Laurentides. Celles du versant nord de ces mêmes Laurentides débouchent dans la partie nord de l'océan Atlantique et dans la baie d'Hudson.

Toutes ces grandes rivières ont chacun leur réseau de tributaires plus ou moins considérables, se ramifiant dans toutes les directions et permettant, au moyen de la flottaison, de sortir le bois des coins les plus reculés de la forêt. Il y a de ces rivières, l'Ottawa, par exemple, dont le cours principal fournit des voies de flottaison de 500, 600 et même 700 milles de longueur.

FACILITÉS POUR LES OPÉRATIONS EN FORÊT

Nos froids et nos neiges, qui sont la terreur des Européens, sont une véritable Providence pour les opérations en forêt. La glace qui recouvre les lacs et les rivières, la neige qui recouvre le sol, nous procurent en hiver les plus grandes facilités pour les transports. L'ouverture d'un chemin d'hiver ne coûte comparativement rien et ces chemins permettent d'effectuer les transports d'outils, de comestibles de nourriture pour les bêtes de somme et d'ouvriers, à bien moins de frais que sur les voies de roulage d'été. Sur ces chemins d'hiver la construction des ponts est pour ainsi dire inconnue : la Nature se charge de ces constructions en formant à la surface des rivières et des ruisseaux une épaisse couche de glace qui permet de circuler partout sans être arrêté par l'eau. Cette même couche de glace permet aussi d'établir sur les lacs et les rivières des chemins qui, pour ce qui regarde l'uniformité de niveau, l'emportent sur les plus belles routes de terre tracés et établies par les plus habiles ingénieurs des ponts et chaussés.

Mais c'est surtout pour la manipulation des grumes que nos neiges offrent des avantages incomparables. Dans les pays où il n'y a pas de neige, le transport des billots ou des troncs, de la souche aux grands chemins, est difficultueux et coûteux : il faut traîner les billots sur terre, à travers les troncs renversés, les cailloux et autres embarras, dont l'enterrement exige beaucoup de travail et de dépense. Dans nos forêts, la neige recouvre tous ces obstacles, fournit de bons chemins et permet de faire sans peine ni dépense le halage de la souche aux grands chemins. Et ces derniers, avec de bons attelages, permettent de faire les transports de longue distance à bien meilleur marché qu'on les effectue au moyen des petits chemins de fer ou des porteurs Decauville, dans les forêts où il n'y a pas de neige.

FACILITÉS POUR L'EXPORTATION

Les deux grands marchés où nous vendons nos bois sont les Etats-Unis et le Royaume-Uni. Les bois destinés au marché anglais sont expédiés par la navigation, qui peut les prendre, à l'embouchure même des rivières sur lesquelles ces bois sont sortis de la forêt au moyen de la flottaison. Même dans la région de l'Ottawa, les billots sont amenés aux scieries par la flottaison et les sciages sont transportés en barges des scieries au port de Montréal, qui est fréquenté par les navires océaniques.

Pour le marché des Etats-Unis, nous avons le sransport par la navigation océanique, par la navigation fluviale et par les chemins de fer. Pour la partie orientale de la province, du Saguenay en descendant et pour la Gaspésie, nous atteignons par la navigation les ports de Portland, Boston et autres de cette partie du littoral des Etats-Unis. Plus haut, les transports s'effectuent par la route fluviale du St-Laurent, du Richelieu et de l'Hudson : c'est la route des barges, qui nous arrivent chargées de charbon et retournent avec des cargaisons de bois. C'est le transport à bon marché par excellence. De Montréal, les vaisseaux qui apportent de la farine et du grain de Chicago, Milwaukee et autres ports des Grands Lacs, prennent aussi du bois pour cargaison de retour. Les barges qui apportent du charbon de Buffalo retournent pareillement avec des cargaisons de bois.

A part cela, nous avons nos chemins de fer de la rive Sud, qui transportent beaucoup de bois aux Etats de la Nouvelle-Angleterre et de New-York. La distance est comparativement courte, ce qui permet d'effectuer ces transports en des conditions favorables.

Pour la Grande-Bretagne et le nord de l'Europe, le transport par navigation océanique, du fleuve Hamilton, n'est guère plus long que celui des ports de Suède ou de Norvège et quand les forêts de ce nouveau territoire seront plus connues et mieux appréciées, elle ne manqueront pas d'attirer l'attention des capitalistes d'Europe, qui auront là une belle opportunité pour placer avantageusement des capitaux dans l'industrie forestière. Les bois de la région du fleuve Hamilton sont d'aussi grandes dimensions et de qualité au moins égale à ceux de la Scandinavie, les droits de coupe peuvent s'acquérir à plus bas prix et la baie du Rigolet, qui est absolument à l'abri des tempêtes de l'océan, offre des avantages exceptionnels pour faire le chargement.

Les produits des forêts d'Abitibi et du Mistassini pourraient s'expédier, par la navigation sur la baie d'Hudson, au port de Churchill, qui n'est pas à 400 milles du centre des meilleures terres à blé du Nord-Ouest. Dans ces 900 milles de navigation océanique, ouverte en hiver comme en été, le transport ne sera pas coûteux, ce qui permettra de livrer du bois de ces deux territoires aux cultivateurs de la Saskatchewan à des prix susceptibles de supporter victorieusement la concurrence avec celui des montagnes Rocheuses.

LES POUVOIRS D'EAU

Il n'y en a pas un autre pays au monde qui ait d'aussi nombreux et d'aussi immenses pouvoirs d'eau que la province de Québec. On compte à la douzaine les pouvoirs capables de développer chacun une force de 25,000 à 75,000 chevaux-vapeur et il y en a plusieurs qui dépassent 450,000.

La "grande chute" du fleuve Hamilton, à 250 milles du rivage de la mer, a 302 pieds de hauteur, et, en tenant compte du volume des eaux du fleuve à cet endroit, l'on calcule que cette cataracte est capable de produire une force motrice excédant un million de chevaux-vapeur.

Des mesurages faits soigneusement établissent que les premières chutes de la rivière Manicouagan, à une douzaine de milles de la mer et hautes de 100 pieds peuvent donner 331,456 chevaux-vapeur. La seconde chute, une dizaine de milles en amont, a 165 pieds de hauteur et pourrait développer une force excédant 500,000 chevaux-vapeur. Le pouvoir des troisièmes chutes 115 pieds de hauteur, une trentaine de milles plus haut, est estimé à 265,000 chevaux ; celui des quatrièmes chutes, encore une soixantaine de milles plus loin, à l'endroit où la rivière fait une culbute de 175 pieds, pourraient donner au moins 220,000 chevaux. C'est-à-dire qu'en ne prenant que les principales chutes, dans les 125 premiers milles de son cours à partir de la mer, la rivière Manicouagan pourrait fournir à l'industrie manufacturière une force motrice de 1,315,456 chevaux-vapeur.

A une couple de milles des premières chutes de la Manicouagan du côté de l'ouest, il y a sur la rivière aux Outardes des chutes dont la force est de 180,992 chevaux-vapeur.

Sur toutes les autres rivières, si nombreuses, débouchant dans le St-Laurent du côté nord, il y a, à peu de distance du rivage, des chutes capables de produire une force motrice considérable. Celles des rivières Portneuf et Ste-Marguerite ont été achetées par des industriels des Etats-Unis, qui sont en voie d'y monter des usines à pulpe et à papier.

Sur le Saguenay proprement dit, les premières chutes se trouvent à environ six milles en amont de la ville de Chicoutimi. Les mesurages effectués par les officiers du ministère des terres constatent que ces chutes ont une force de 92,000 chevaux-vapeur. A Chicoutimi même, la chute formée par la rivière de ce nom fournit la force motrice à une usine à pulpe d'une capacité de 120 tonnes par jour et pour produire la lumière électrique dont la ville est pourvue.

Sur la grande rivière Péribonka, à quinze milles environ du rivage du lac St-Jean, il y a sur un parcours d'une douzaine de milles d'après les mesurages effectués par les officiers du gouvernement, une série de sept chutes donnant respectivement les nombres suivants de chevaux-vapeur : 39,000, 36,850, 31,500, 35,000, 18,405, 61,500, 73,750, soit un total de 301,025.

Sur la petite rivière Péribonka, une douzaine de milles à l'ouest, il y a des chutes qui sont actuellement utilisées par une usine à pulpe.

Sur la Mistassibi, quinze milles plus à l'ouest, il y a un pouvoir d'eau de 11,750 chevaux. Un mille plus loin se trouvent les chutes de la Mistassini, d'une force de 42,988 chevaux-vapeur.

Sur la rivière Chamouchou, il y a plusieurs chutes d'une force variant de 10,000 à 60,000 chevaux-vapeur.

D'une étude publiée dans le *Rapport du Commissaires des Terres pour* 1898, il ressort qu'une ligne tirée autour du lac St-Jean, une douzaine de milles au nord, une trentaine au nord-ouest, une cinquantaine à l'ouest et une dizaine à l'est, circonscrirait des pouvoirs dont la force collective est de 653,248 chevaux-vapeur.

Sur le St-Maurice, en omettant les pouvoirs d'eau d'importance moindre, il y a les chutes de Shawinigan, capables de développer 250,000 chevaux, celles de Grand'mère, d'environ 40,000 chevaux, et celles de la Tuque, dont le mesurage accuse une force de 90,000 chevaux. Ces trois pouvoirs d'eau sont espacés sur une distance d'environ 75 milles.

Sur le Richelieu, les chutes du Bassin de Chambly, utilisées pour fournir la lumière et le pouvoir électriques à la cité de Montréal, fournissent environ 21,000 chevaux-vapeur.

Sur le St-Laurent les rapides des Cascades et du Côteau, à une trentaine de milles de Montréal, et ceux de Lachine, dans le voisinage même de la ville, peuvent donner une immense somme de force motrice.

L'Ottawa n'est pour ainsi dire qu'une longue série de pouvoirs hydrauliques : le fort volume des eaux de cette rivière—qui d'après les mesurages de l'ingénieur Russell, a un écoulement de 2,100,000 pieds cubes à la minute—donne à la moindre cascade une force considérable. Le barrage du rapide Carillon, dont la déclivité est de 21 pieds et de celui de Grenville, qui fait une descente de 45 pieds, pourrait fournir à l'industrie une grande somme de force motrice. Le premier de ces rapides se trouve à environ 27 milles de l'embouchure de la rivière et l'autre environ cinq milles plus haut. L'ingénieur Surtees estime à 60,000 chevaux-vapeur la force des chutes de la Grande et de la Petite Chaudière, entre la ville de Hull et la cité d'Ottawa. Il donne les chiffres suivants pour quelques-unes des escadres qui se rencontrent plus haut : des Chênes, 15,000 chevaux ; des Chats, 141,000 ; Portage-du-Fort, 49,000 ; de la Montagne, 62,000 ; du Grand-Calumet, 186,000. Plus haut, il y a les pouvoirs hydrauliques de la Cave, des Erables et de la Montagne, qui sont considérables. En amont du lac Témiscamingue, la série des cascades désignées sous le nom de '' Rapides des Quinze '' peut donner de 30,000 à 45,000 chevaux-vapeur.

L'ingénieur Surtees assigne aux principaux pouvoirs d'eau du cours inférieur de la rivière du Lièvre la force suivante : Buckingham 9,000 chevaux ; Rhéaume, 4,000 ; Dufferin, 12,500 ; Upper Falls, 12,500 ; Cascades, 2,000 ; Grandes Chutes, ou High Falls, 36,000 chevaux-vapeur.

Sur la Gatineau dans les premiers cinquante milles à compter de son confluent avec l'Ottawa, le même ingénieur a relevé les pouvoirs d'eau suivants : Farmer's Rapid, 24,500 ; chevaux-vapeur ; Chelsea Mills, 47,790 ; Eaton's Chutes, 24,508 ; Cascades, 14,000 ; Wakefield, 12,000 ; Paugan's Falls, 73,500 soit en tout 196,298 chevaux-vapeur. Plus haut, sur cette même rivière, il y a les chutes de Maniwaki, de la Montagne, de Betobee, du Castor Blanc, du Grand Remou et plusieurs autres, qui constituent aussi des pouvoirs hydrauliques d'une grande force.

Mais tout cela est éclipsé par les pouvoirs d'eau du Nottaway et du Rupert, dans le territoire de l'Abitibi. Sur les soixante premiers milles du Nottaway, à partir de sa source à la '' Hauteur des Terres '' il y a plusieurs pouvoirs hydrauliques d'une force variant de 250 à 750 chevaux et dix milles plus bas, au Flower Hill Portage, il y a des cataractes de 66 pieds se terminant par une chute perpendiculaire de 14 pieds, le tout d'une capacité de 30,000 chevaux. Dix milles en aval, les chutes de Kiask Sebee, hautes de 30 pieds peuvent produire une force de 13,000 chevaux-vapeur et une couple de milles plus bas, il y a un autre pouvoir de 4,000 chevaux. L'effluent du lac au Goëland, à environ 135 milles de la '' Hauteur des Terres, '' donnerait par un seul barrage une force de 85,000 chevaux. A partir du lac Mattagami, le Nottaway, par ses chutes et ses grandes cascades, pourrait fournir les pouvoirs hydrauliques suivants : à 150 milles de la '' Hauteur des Terres, '' 50,000 chevaux ; à 175 milles, 106,000 chevaux ; à 200 milles, 275,000 chevaux ; à 230 milles, 400,000 chevaux

Comme on le voit, sur le parcours d'une centaine de milles, les pouvoirs d'eau du Nottaway ont une force collective d'environ un million de chevaux-vapeur.

Sur le Rupert, les chutes de Smoky Hill se trouvent à la tête de la marée. Elles ont une hauteur de 52 pieds et une force de 300,000 chevaux-vapeur. Sur les cinquante milles suivants, en remontant le cours de ce fleuve, les principaux pouvoirs hydrauliques ont respectivement la force suivante : chute du Portage-du-Chat, 74 pieds de hauteur, 419,025 chevaux ; chutes des Quatre-Portages, une de 63 pieds, 340,000 chevaux ; une de 80 pieds, 453,000 chevaux une de 32 pieds, 175,000 chevaux ; une vingtaine de milles plus haut, les chutes d'Oat-Meal Portage, 18 pieds de hauteur, 100,000 chevaux ; encore vingt milles plus haut, chute de 60 pieds, 339,818 chevaux. Ces sept pouvoirs hydrauliques, dispersés sur un espace d'une cinquantaine de milles, ont une énergie collective de plus de deux millions de chevaux-vapeur.

Sur l'Eastmain, qui coule parallèlement au Rupert, une cinquantaine de milles plus au nord, il y a autant et d'aussi forts pouvoirs d'eau.

D'après les mesurages de l'ingénieur O'Sullivan, le Nottaway écoule 4,000,000 de pieds cubes d'eau à la minute et le Rupert 3,000,000. Le volume des eaux du Rupert excède celui des eaux de l'Ottawa et celui des eaux du Nottaway l'excède de 50 pour 100 ou de moitié.

Tout cela démontre qu'à l'extrémité sud-est de la baie James et dans un rayon d'une centaine de milles, il y a sur les trois fleuves ou grandes rivières du Nouveau-Québec des pouvoirs d'eau capables de fournir à l'industrie une somme de force motrice excédant 4,000,000 de chevaux-vapeur.

A part ces pouvoirs gigantesques, il y en a par centaines, dans toutes les parties de la province, d'une force suffisante pour actionner de grandes usines et produire l'électricité nécessaire à l'établissement de la traction électrique sur la plupart de nos chemins de fer.

Avenir de l'industrie de la pulpe et du papier

Il se consomme annuellement dans le monde entier environ dix millions de tonnes de papier. Seulement de la première coupe, nos forêts d'épinette pourraient fournir durant soixante-quinze ans le bois requis pour fabriquer tout ce papier. Et comme ces forêts, quand elles sont exploités avec sagesse, se reproduisent naturellement à peu près tous les vingt ans, l'on peut dire sans crainte de verser dans l'exagération, qu'elles peuvent fournir indéfiniment le bois nécessaire pour faire tout le papier consommé dans l'univers.

Nos pouvoirs hydrauliques sont assez nombreux et assez forts pour actionner les usines où se prépareraient la pulpe ou les pâtes de bois requises pour faire le papier, ce qui revient à dire que nous avons dans la province de Québec les éléments nécessaires pour devenir les fournisseurs de papier à tout l'univers.

INDEX

—